普通高等教育农业部“十二五”规划教材

动物遗传学实验教程

Dongwu Yichuanxue Shiyan Jiaocheng

第二版

李碧春 主编

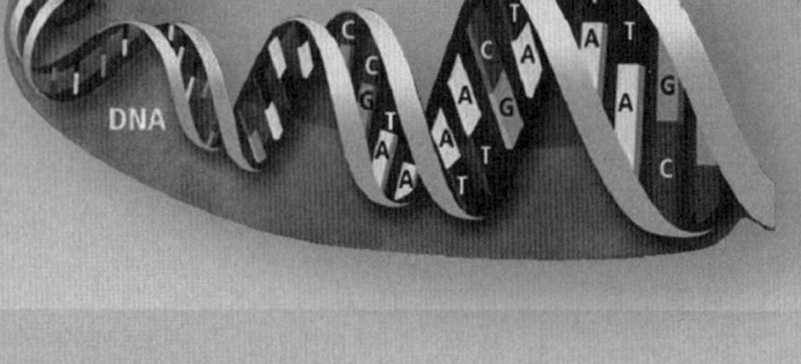

中国農業大學出版社
China Agricultural University Press
·北京·

内容简介

本书是一本集综合性及实用性为一体的动物遗传学实验教材，全书包括果蝇遗传学系列，细胞遗传学系列，群体与数量遗传学系列和分子遗传学系列 4 大部分，共 28 个实验。同时在第一版的基础上有针对性地增加了适于学生课外活动的探索性的开放性实验课题，在对学生加强基本技能训练、提高实验水平的同时，培养学生的自学能力和综合科研能力。

本书参阅了国内外部分遗传学实验相关指导用书，适用于高等院校生物科学专业、生物技术专业以及农、林、医药院校等相关专业师生和科技工作者使用。

图书在版编目(CIP)数据

动物遗传学实验教程/李碧春主编. —二版. —北京：中国农业大学出版社，2014.9(2023.10 重印)

ISBN 978-7-5655-1042-7

Ⅰ.①动… Ⅱ.①李… Ⅲ.①动物遗传学-实验-高等学校-教材 Ⅳ.①Q953-33

中国版本图书馆 CIP 数据核字(2014)第 189016 号

书　名 动物遗传学实验教程　第二版
作　者 李碧春　主编

策划编辑	潘晓丽　张　程	**责任编辑**	潘晓丽
封面设计	郑　川　李尘工作室	**责任校对**	王晓凤　陈　莹
出版发行	中国农业大学出版社		
社　址	北京市海淀区圆明园西路 2 号	**邮政编码**	100193
电　话	发行部 010-62818525，8625	读者服务部	010-62732336
	编辑部 010-62732617，2618	出　版　部	010-62733440
网　址	http://www.cau.edu.cn/caup	**e-mail**	cbsszs @ cau.edu.cn
经　销	新华书店		
印　刷	涿州市星河印刷有限公司		
版　次	2014 年 10 月第 2 版　　2023 年 10 月第 4 次印刷		
规　格	170 mm×228 mm　　16 开本　　7.5 印张　　140 千字		
定　价	21.00 元		

图书如有质量问题本社发行部负责调换

第二版编写人员

主　编　李碧春

副主编　（按姓氏笔画排序）

郑　鑫　徐　琪　曹洪战

编　者　（按姓氏笔画排序）

王　翀（华南农业大学）
刘建华（山西农业大学）
吴信生（扬州大学）
张亚妮（扬州大学）
李莫南（吉林农业大学）
李碧春（扬州大学）
周荣艳（河北农业大学）
郑　鑫（吉林农业大学）
徐　琪（扬州大学）
徐银学（南京农业大学）
曹洪战（河北农业大学）
戴国俊（扬州大学）

第一版编写人员

主　编　李碧春（扬州大学）

徐银学（南京农业大学）

副主编　曹洪战（河北农业大学）

王　翀（华南农业大学）

郑　鑫（吉林农业大学）

李莫南（吉林农业大学）

参　编　（按姓氏笔画排序）

刘建华（山西农业大学）

吴信生（扬州大学）

张桂贤（山西农业大学）

周荣艳（河北农业大学）

徐　琪（扬州大学）

第二版前言

动物遗传学理论与实践研究是生物学领域最重要的前沿内容之一，许多新技术渗透到现代动物育种研究的各个领域，成为当代农科学生必须掌握的重要技能。为贯彻落实党的二十大提出的“深入实施科教兴国战略、人才强国战略、创新驱动发展战略”，提高学生对遗传学知识学以致用的能力，同时为了配合“动物遗传学”国家级精品资源共享课的建设，我们受中国农业大学出版社的委托，邀请6所高校的12位具有丰富教学和科研经验的教师对《动物遗传学实验教程》第一版进行了补充、修订。

本书保持了第一版教材简明、实用和可操作强的特点，并在原有的基础上优化了实验教学内容体系，保留了一些常用的经典实验，删除了“人类皮肤纹理分析”、“亚硝基胍的诱变作用与营养缺陷型菌株的筛选”、“细菌接合与基因定位——中断杂交”、“缺失定位——基因精细结构分析”等一些相对陈旧和不适用的实验，增加了“动物生殖细胞减数分裂染色体标本制备”、“微卫星分子标记检测技术”、“单链构象多态性检测技术”、“限制性片段酶切多态性检测技术”等一些综合性、设计性实验。全书共设置了28个实验项目，使用通俗易懂的语言，介绍实验的背景知识和技术方法，书稿图文并茂，注重实验之间的连贯性以及学生的实验技能和分析解决实际问题能力的培养。

本书由常年从事动物遗传学教学和科研的教师执笔，所编内容充分体现了他们的实践经验和研究成果。具体编写分工为：实验一、二、二十八由徐琪编写，实验三、四、六由郑鑫编写，实验五由李莫南编写，实验七、八、十由曹洪战编写，实验九由徐银学编写，实验十一、十三由周荣艳编写，实验十二、十四由吴信生编写，实验十五、十六、十七、十八由李碧春编写，实验十九、二十、二十一由戴国俊编写，实验二十二由王翀编写，实验二十三和二十四由刘建华编写，实验二十五、二十六和二十七由张亚妮编写，最后由李碧春统稿。

本书在编写过程中参阅了国内外部分遗传学实验相关指导用书，在此表示感谢。本书可供高等院校生物科学专业、生物技术专业以及农、林、医药院校等相关专业师生和科技工作者使用，也可作为中学生物学教师的教学参考书。

由于编者水平和编撰时间有限，本书难免存在某些疏漏和不足，敬请有关专家和使用者提出宝贵意见与建议，以便更正和完善。

编 者

2023年10月

第一版前言

自1900年诞生以来，遗传学在短短的100多年的时间里，取得了飞跃的发展，发现了大量的遗传学现象和规律。进入21世纪以后，随着线虫、果蝇、水稻等动植物和人类基因组计划的相继完成，更显现出遗传学在生命科学中的核心和前沿地位。遗传学迅速发展也对遗传学理论和实验教学提出了更高、更新的要求，它与生命科学其他分支学科一样，是一门实验性学科，实验操作在教学中起着非常重要的作用。

动物遗传学实验教程是配合动物遗传学理论教学而设置的一门专业基础课程，通过实验教学，不仅可以加深对遗传学基本理论的理解，激发对探索遗传学规律的兴趣，更为重要的是可以在实验过程中培养学生观察问题、分析问题和解决问题的能力，锻炼学生的实际操作能力。

根据遗传学实验教学内容和要求，同时考虑到国内高等农业院校的实验教学条件，我们选择编写了28个实验内容，内容涉及经典遗传学、细胞遗传学、分子遗传学和数量遗传学等领域，既有验证性实验，也有设计性实验和综合性实验，使学生从不同层次水平了解遗传学研究工作的方法和手段，培养学生的思维和动手能力。各学校可根据教学内容和实验条件等实际情况选择完成书中的实验项目。

本教程由李碧春和徐银学担任主编，曹洪战、王翀、郑鑫、李莫南担任副主编，刘建华、吴信生、张桂贤、周荣艳和徐琪等参编。其中实验一、二、二十八由徐琪编写，实验三、四、六由郑鑫编写，实验五由李莫南编写，实验七、八、十由曹洪战编写，实验九、二十三、二十四、二十五由徐银学编写，实验十一、十二由周荣艳编写，实验十三、十四由吴信生编写，实验十五、十六、十七由李碧春编写，实验十八由张桂贤编写，实验十九、二十、二十一、二十二由王翀编写，实验二十六、二十七由刘建华编写，最后由李碧春统稿。

本教程可作为农、林、医院校以及生物科学专业等相关生命科学领域本科生遗传学实验教材，也可作为中学生物学教师教学参考书。

由于遗传学实验技术的不断发展，研究方法和手段的不断更新，加之编者水平有限，时间紧迫，书中的缺点、错误在所难免，诚请广大读者、同仁不吝指正，我们将不胜感激，以便再版时修订。

编 者

2005年7月

目　录

实验一　显微镜的构造和使用方法

一、实验目的

(1)了解显微镜的构造和性能。
(2)掌握光学显微镜的使用方法。

二、实验材料

光学显微镜、擦镜纸、乙醚、无水乙醇、二甲苯、香柏油。

三、实验内容和方法

(一)显微镜的构造和性能

普通光学显微镜(图 1-1)的构造主要分为两部分:机械部分和光学部分两大系统。

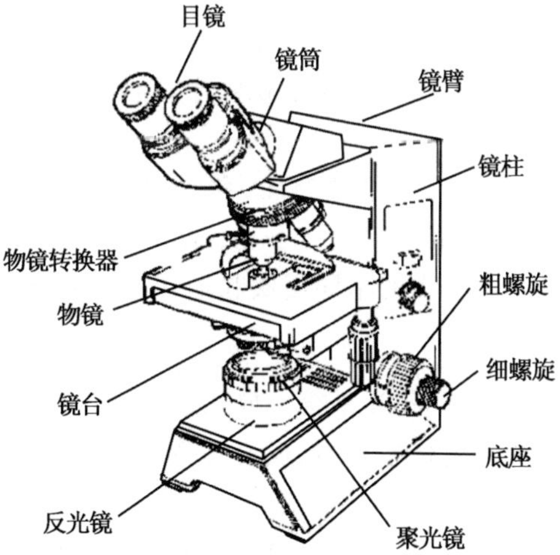

图 1-1　普通光学显微镜结构示意图

1. 机械部分

(1)镜座。显微镜的底座,用以支持整个镜体。

(2)镜柱。镜座之上的短柱形部分,用以连接镜座和镜臂。

(3)镜臂。镜柱上面的弓形部分,为手提之处,连接并支撑镜筒、载物台等机械部件。

(4)镜筒。一金属圆筒,上端安装目镜,下接物镜转换器及物镜。镜筒可借镜臂上调节器的作用灵活地上下移动用以调焦。

(5)物镜转换器(旋转器)。金属圆盘,位于镜筒下方,由两个凹面向上的金属圆盘构成。上盘固着在镜筒下方,下盘与上盘相连,下盘有3～4个螺旋圆孔,以安装不同倍数的物镜,转动转换器,可以调换不同倍数的物镜,当听到碰叩声时,方可进行观察,此时物镜光轴恰好对准通光孔中心,光路接通。

(6)镜台(载物台)。为圆形或方形平台,用以放置玻片标本,中央有一通光孔,光线由通光孔下方的反射镜反射上来。台上安有标本推进器,推进器左侧有弹簧夹,用以夹持玻片标本,镜台下有推进器调节轮,可使玻片标本作左右、前后方向的移动。

(7)调节器。装置在镜柱两侧的大小两种螺旋,调节时使镜台作上下方向的移动。

①粗调节器(粗螺旋)。又称粗调节器、粗调节轮,移动时可使镜台作快速和较大幅度的升降,一般来说,转动一周,可使镜筒上升或下降10 mm。所以能迅速调节物镜和标本之间的距离,使物像呈现于视野中,通常在使用低倍镜时,先用粗调节器迅速找到物像。

②细调节器(细螺旋)。又称细调节轮,移动时可使镜台缓慢地升降,一般来说,转动一周,可使镜筒上升或下降0.1 mm。多在运用高倍镜时使用,从而得到更清晰的物像,并借以观察标本的不同层次和不同深度的结构。

2. 光学部分

光学部分包括放大系统和集光系统。放大系统又包括物镜、目镜等,直接参与显微镜的成像;集光系统又包括聚光器、反光镜等,起调节光强度和改变入射光的作用。

(1)物镜。又称接物镜。由1～5组透镜组成,其功能是聚集来自标本的光线,使标本第一次放大成一个倒立的实像。装置在镜筒下端的旋转器上,通常备有3～4个。在物镜还标有镜口率(N. A.),其是被检物与物镜之间介质的折射率与镜口角正弦的乘积,用来反应该镜头分辨力的大小,其数字越大,表示分辨率越高,物镜的价值也就越高，表 1-1 列出了不同物镜的镜口率。

表 1-1　不同物镜的镜口率和工作距离*

类型	放大倍数	物镜长度	镜口率(N. A.)	分辨力/μm	工作距离/mm
低倍镜	10×	最短	0.25	1	5.40
高倍镜	40×	较长	0.65	0.42	0.39
油镜	100×	最长	1.30	0.22	0.11

注：*是指显微镜处于工作状态(物像调节清楚)时物镜的下表面到盖玻片(盖玻片的厚度一般为 0.17 mm)上表面之间的距离，物镜的放大倍数愈大，它的工作距离愈小。

(2)目镜。又称接目镜。其作用是将由物镜放大的倒立实像放大成一个正立的虚像，目镜仅起放大物像的作用，并不增加显微镜的分辨力。装置在镜筒的上端，通常备有 2～3 个，它的放大倍数分别是 5×、10×、15×、20×，通常安装的是 10×的目镜。

(3)聚光器。又称集光器，位于镜台下方的集光器架上，由聚光镜和光圈组成，其作用是把光线集中到所要观察的标本上。

①聚光镜。由 2～3 片透镜组成，主要是收集从光源射来的光线，并集合成光束，以增强照明度，并使光线射入物镜内，镜柱旁有一调节螺旋，转动它可升降聚光器，以调节视野中光亮度的强弱。

②光圈(虹彩光圈)。安装在聚光镜下方，由十几张金属薄片组成，其外侧伸出一调拨操纵杆，推动它可调节其开孔的大小，以调节光量。

(4)反光镜。装在镜座上面，可向任意方向转动，其作用是将光源光线反射到聚光器上，再经通光孔照明标本，它有平、凹两面，凹面镜聚光作用强，适于光线较弱时使用，平面镜聚光作用弱，适于光线较强时使用。

(二)显微镜的使用方法

1. 低倍镜的使用方法

(1)取镜与放置。打开镜箱(柜)，右手握住镜臂，左手托住镜座，将显微镜放在自己左肩前方的实验台上，镜座后端距桌边 3～4 cm 为宜。

(2)清洁。检查显微镜是否有毛病，是否清洁，金属部位如有灰尘污垢，可用干净软布擦拭。透镜有污垢，要用擦镜纸擦拭，如有胶或沾污，可蘸取少量二甲苯(或擦镜液)清洁之。

(3)对光。用拇指和中指转动转换器(切忌手持物镜转动)，使低倍镜对准镜台的通光孔。打开光圈，上升集光器，将反光镜转向光源，用左眼在目镜上观察，同时转动反光镜，直到视野内的光线明亮、均匀为止。

(4)安装玻片标本。取一玻片标本放在镜台上，有盖玻片的一面一定朝上(否则高倍镜无法调焦，易造成玻片标本损坏)，然后用推进器弹簧夹夹住，然后旋转推片器螺旋，将欲观察的部位对准通光孔中央。

(5)调节焦距。以左手按逆时针方向转动粗调节器，使镜台缓慢地上升至物镜距标本片约 5 mm 处，应注意在上升镜台时，切勿在目镜上观察，一定要从右侧看着镜台上升，以免上升过多，造成镜头或标本片的损坏。然后，两眼同时睁开，用左眼在目镜上观察，左手顺时针方向缓慢转动粗调节器，使镜台缓慢下降，直到视野中出现清晰的物像为止。

2.高倍镜的使用方法

(1)选好目标。低倍镜调好焦距，物像清晰，将需放大观察的部分移至视野中心。

(2)小心转动转换器。调换上高倍镜头，并从侧面进行观察(防止高倍镜头碰撞玻片)，如高倍镜头碰到玻片标本，说明低倍镜的焦距没有调好，应重新操作。

(3)调节焦距。换上高倍镜后，用左眼在目镜上观察，此时一般能见到一个不太清楚的物像，可将细调节器的螺旋逆时针旋转 0.5～1 圈(不能超过 1 圈，切不可用粗调节器)，即可获得清晰的物像。

如果视野的亮度不合适，可通过光圈或聚光器调节视野内光的强弱，求得反差清晰，物像清楚。如果需要更换玻片标本时，必须退回低倍镜，方可取下玻片标本，切不可在高倍镜下取玻片标本。如果换成高倍镜，经过调焦仍不能发现物像，应退回低倍镜，检查物像是否在视野中央。

3.油镜的使用方法

(1)在使用油镜之前，必须先经低、高倍镜观察，然后将需进一步放大的部分移到视野的中心。

(2)将集光器上升到最高位置，光圈开到最大。

(3)转动转换器，使高倍镜头离开通光孔，在需观察部位的玻片标本上滴加一滴香柏油，然后慢慢转动转换器，调换上油镜镜头，并从侧面水平注视镜头与玻片标本的距离，使镜头浸入油中而又不以压破载玻片为宜。

(4)用左眼观察目镜，并慢慢转动细调节器，直至物像清晰为止。

(5)油镜使用完毕，用擦镜纸蘸取少许二甲苯或擦镜液将油镜镜头上的香柏油擦去，再用干净擦镜纸擦净。

观察完毕，取下标本片，转动旋转器使镜头离开通光孔，下降镜台，平放反光镜，下降集光器(但不要接触反光镜)、关闭光圈，回位推进器，套上外罩，放回实验台柜内。

(三)显微镜使用的注意事项

(1)显微镜是精密仪器，操作时动作要轻，不允许随便拆卸，水滴、酸、碱或其他药品切勿接触镜头和镜台，如果沾污应立即擦净。

(2)持镜时，必须右手握臂，左手托座，不可单手提取，以免零件脱落或螺丝松动。

(3)保持显微镜的清洁，光学和照明部分只能用擦镜纸擦拭，切忌口吹、手抹或用布擦，擦拭时采用螺旋进给的方式，逐步擦到边缘；机械部分用布擦拭。镜头上的油污，可用擦镜纸蘸取少许二甲苯或擦镜液擦拭，但决不能把镜头放到二甲苯或擦镜液中浸泡。

(4)养成双眼同时睁开的习惯，左眼观察，右眼绘图。

(5)制作目镜上的指示针，轻轻拆开目镜，将一根短头发的一端用胶水粘在目镜内里的边缘，另一端指向目镜圆心的附近。观察时，轻轻地转动目镜，指示针就能够指出视野内的不同部位。

四、作业

(1)使用光学显微镜有哪些注意点？

(2)学会制作目镜上的指示针。

实验二　实验室及器材的清洗与消毒

一、实验目的

(1)掌握实验室的清洗与消毒。

(2)掌握玻璃器皿、玻璃细菌滤器和橡胶类制品的清洗与消毒。

(3)掌握载玻片和盖玻片的处理方法。

二、实验试剂

过氧乙酸、重铬酸钾、浓硫酸、洗衣粉、NaOH、HCl。

三、实验器材

无菌衣、紫外线灯、超声洗涤器、干燥箱、蒸汽消毒器。

四、实验内容和方法

(一)实验室的清洗与消毒

实验室一般分为准备室和无菌培养室。培养室基本条件是清洁、通风、明暗适宜、墙壁油漆、地板打蜡、拉门。夏季工作时如室温太高,宜安装“空气调节器”,将消毒空气送入室内,调节温度。无菌室操作应戴口罩、穿无菌衣。在单人操作时,实验人员前设有一定斜度的玻璃板,可上下移动。准备室和培养室装有日光灯,操作时最好用酒精灯,可以避免煤气影响细胞生长。

实验室消毒:新的房间还必须以75%的过氧乙酸擦拭一遍或两遍,包括墙壁、地板,紫外线灯照射1～2 h,常用房间的地板每周擦一次。每次实验前要擦桌子及地板,紫外灯照射1 h。

(二)一般玻璃器皿的处理

1. 培养瓶等玻璃器皿

(1)自来水洗去脏物。

(2)用洗衣粉液煮沸30 min后,趁热刷洗干净或放入超声洗涤器内洗涤干净。

(3)倒置于水流冲洗器上冲洗 30 min,或用自来水充分冲洗掉洗衣粉残迹,冲洗后烘干。

(4)放入清洁液中浸泡 1～2 d。

(5)取出在水流冲洗器上冲洗 30 min 或用自来水充分冲洗,在蒸馏水中浸泡一天,使残留的酸性物质完全去掉,然后再用蒸馏水、双蒸馏水按次冲洗容器(分别为 5 次和 3 次)。

(6)倒置在 80℃干燥箱中,烤干后,用纱布棉花塞紧瓶口,再用白纸、牛皮纸包扎瓶口或将烤干后器皿直接放入带盖瓷盘或饭盒(上下垫纱布)内。最后置蒸汽消毒器内高压灭菌(150℃,2 h)。

2. 玻璃注射器及针头

(1)用洗衣粉液煮沸、刷洗。

(2)经自来水充分冲洗,蒸馏水充分浸泡(1 d 以上),然后用蒸馏水、双蒸馏水冲洗(5 次、3 次)。

(3)80℃烤干后安上针头,再用硫酸纸套上针头,装入饭盒内,高压灭菌(15 lb,20 min)。

注:上述器材在浸泡过程中都应全部浸没在液内,特别是培养瓶底部一定要浸没在液内,不要瓶底朝上浮在液面达不到浸泡目的。

(三)玻璃细菌滤器的处理

1. 新购的滤器

(1)自来水刷洗。

(2)装上新配洗涤液(化学纯浓硫酸 6 mL,化学纯硝酸钠 2 g,蒸馏水 100 mL),让其自然滤过。

(3)自来水、蒸馏水反复滤过。

(4)用 1 mol/L 的 NaOH 溶液滤过至滤出的液体呈中性(可用酚红液指示剂检查)。

(5)最后再经蒸馏水滤过。

(6)干燥箱内烘干,用白纸和牛皮纸包裹,高压灭菌(15 lb,20 min)。

滤液瓶按前述一般玻璃处理方法处理。

2. 用过的滤器

(1)必须立即进行清洗。

(2)将滤器倒置,用蒸馏水从反方向进行抽滤(球形滤器)或加压过滤(漏斗状滤器),使堵塞滤孔的物质完全除去。

(3)用蒸馏水、双蒸馏水多次滤过。

(4)高压灭菌。

(四)橡胶类制品的处理

1. 新的橡胶类制品

(1)用水刷洗。

(2)用 0.5 mol/L 的 NaOH 煮沸 20 min。

(3)用自来水冲洗。

(4)用 0.5 mol/L 的 HCl 煮沸 20 min。

(5)用自来水、蒸馏水冲洗,双蒸馏水浸泡 24 h。

(6)浸泡后取出晾干,包裹,高压灭菌。

2. 用过的橡胶类制品

(1)立即泡于清水中。

(2)用洗衣粉液煮沸刷洗。

(3)用自来水、蒸馏水充分冲洗。

(4)双蒸馏水中浸泡 24 h 。

(5)晾干,包裹,高压灭菌。

(五)载玻片的处理

(1)载玻片一片一片放入洗衣粉液中后煮沸 30 min,趁热刷洗干净后烘干。

(2)逐片放入清洁液中过夜。然后取出用自来水冲洗。

(3)放蒸馏水中浸泡一天(更换数次蒸馏水)后浸入 95%酒精中保存待用。

(4)用清洁、无油纱布擦干,或放入装有蒸馏水的搪瓷缸中并置冰箱内预冷。

(六)盖玻片的处理

清洁方法如上,但盖玻片薄而脆,容易破碎,故须一片片小心处理。用蒸馏水浸泡后,再用 95%酒精浸泡一次。擦干放入平皿内,干热灭菌。

五、作业

如何对玻璃仪器、橡胶制品和塑料制品进行清洗与消毒?

实验三　果蝇的形态鉴别和饲养管理

一、实验目的

(1)了解果蝇生活史中各阶段的形态特征。

(2)掌握果蝇性别的主要鉴别方法。

(3)了解果蝇的饲养管理及实验处理方法。

二、实验材料

野生型果蝇的幼虫和雌雄成虫。

三、实验仪器、药品和试剂

解剖镜、放大镜、麻醉瓶、乙醚、丙酸、白纸、毛笔及常用工具。

四、实验内容

1.果蝇的形态观察

果蝇包括卵、幼虫、蛹、成虫 4 个连续的发育阶段,在培养瓶中可以看到卵白色,长椭圆形,长约 0.5 mm,卵的背面前端有两条触丝。从卵孵出后经两次蜕皮的三龄幼虫长可达 4.5 mm。三龄幼虫化蛹,蛹经羽化发育为成虫。

野生型果蝇为红眼、灰体、长翅、直刚毛。突变型果蝇与正常野生型有明显差别。

2.果蝇的性别鉴别

果蝇幼虫期雌雄较难区别;而成虫雌雄外部形态区别明显,通过放大镜或肉眼均可鉴别。性梳是雄果蝇特有的,是鉴别雌雄果蝇的最可靠指标(表 3-1、图 3-1)。

3.果蝇的饲养管理

果蝇一般在恒温箱内培养。果蝇的幼虫和成虫都以饲料酵母为食料。常用饲料有玉米饲料、米粉饲料等。

作留种传代培养时,首先要检查果蝇培养有无混杂,以防原种丢失。亲本数目通常每管 5 对,原种写名称,日期,作为原种培养,可置于 10～15℃温度下,并防止日光直射。

表 3-1 雌雄果蝇的形态比较

	雌果蝇	雄果蝇
大小	一般体积较大	一般体积较雌性小
腹部	呈椭圆形,尾端尖小、腹面为白色	呈圆筒形、尾端钝圆,腹面末端为黑色
背观	有排列均匀的 5 条细黑环纹,腹端尖且无黑斑	腹部有环纹:2 条细黑纹及 1 条宽黑纹,使尾端呈一片黑色
性梳*	无性梳	在第一对足的跗节前端上有梳状黑毛一束,称"性梳"

注:*需在解剖镜下观察。

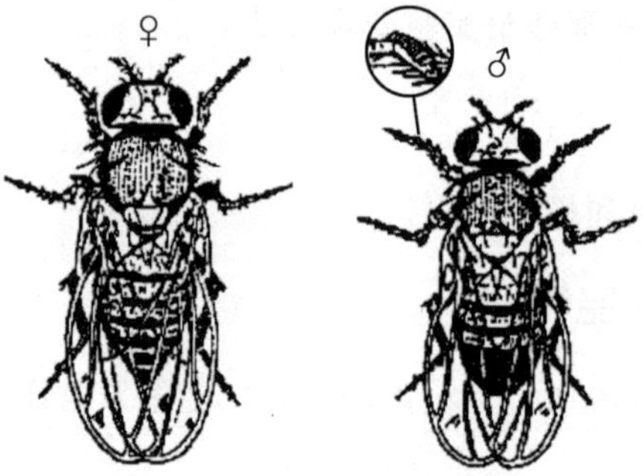

图 3-1 雌雄果蝇的外形

图中间示果蝇的性梳(雄蝇前足跗节前端有性梳,雌蝇无性梳)

对果蝇进行观察时,可用乙醚麻醉使它保持静止状态。因果蝇对乙醚很敏感,麻醉深度要视实验要求来定。种蝇轻度麻醉为宜;观察可深麻致死。果蝇翅膀外展 45°角表示麻醉过度,不能复苏而死亡。麻醉后置于白纸上进行观察。

进行杂交实验时,雌性亲本果蝇必需选用处女蝇。因为雌性果蝇生殖器官有受精囊,可保留交配所得大量精子,能使大量的卵受精。但雌蝇孵出后,12 h 内还不会交配,能够满足纯种作为杂交亲本的要求。所以把老果蝇除去后,12 h 内所收集到的雌蝇为处女蝇,收到培养瓶中培养,贴好标签以用于杂交实验。

五、实验步骤

1. 果蝇的形态观察

取一只有培养果蝇的培养瓶,用肉眼及放大镜观察培养基中、瓶壁上和培养瓶中果蝇的卵、幼虫、蛹及成虫的形态,并识别三龄幼虫。

果蝇外部形态分头、胸、腹3部分。头部有一对大的复眼、三个单眼和一对触角；胸部有3对足、一对翅，在后足和翅之间有一对平衡棒；腹背有黑色环纹，腹面有腹片；外生殖器在腹部末端。

2. 果蝇的性别鉴别

(1)麻醉瓶的棉塞内滴乙醚数滴，麻醉瓶口应和培养瓶口径相同。

(2)将培养瓶口朝下，果蝇即向上爬行，去掉棉塞与麻醉瓶口相对，一手拿上述两瓶，另一手震拍培养瓶，将培养瓶中的果蝇拍落入麻醉瓶中，迅速将两瓶塞住，避免果蝇飞出。约0.5 min，果蝇即被麻醉。

(3)待全部果蝇呈昏迷状态后，倒在白纸上进行观察(本实验可以深麻致死，但杂交实验切勿深麻。)

(4)麻醉后的果蝇放在白纸上用毛笔刷拨动，依据雌雄果蝇的形态区别，根据需要用肉眼、放大镜或解剖镜观察，进行雌雄鉴别。

(5)检查完成后，务必将剩余的果蝇倒入死蝇盛留器中，及时处死，防止品系间杂交混杂。

3. 果蝇的轻度麻醉和模拟接种

(1)将少量乙醚滴于麻醉瓶的棉塞上。

(2)将7～10只果蝇从培养瓶中接入麻醉瓶中，轻轻转动麻醉瓶观察果蝇的反应，待果蝇刚刚被麻醉不动了，即将果蝇倒在白纸上。

(3)按实验需要将一定数量的被麻醉的果蝇，放入新的培养瓶中。值得注意的是，被麻醉的果蝇移入培养瓶时，须将培养瓶横卧，然后把轻度麻醉的果蝇送入培养瓶壁上，待果蝇清醒后，再将培养瓶竖起，以防果蝇跌落在培养基上粘住致死。

六、作业

(1)描述所观察到的野生型果蝇的形态特征，了解果蝇的生活史。

(2)观察雌雄果蝇外形特征，绘制雌雄果蝇简图，着重腹部特征。

实验四　果蝇遗传性状的观察

一、实验目的

观察果蝇的野生型和常见的几种突变型的主要性状，全面了解果蝇在遗传学实验中经常涉及的遗传性状，为今后的实验奠定基础。

二、实验材料

果蝇野生型品系及果蝇突变型品系特征见表4-1。

表4-1　不同品系果蝇的基本特征

品系名称	基因符号	表现型
野生型	＋	红眼，直刚毛、长翅、灰身
白眼	*w*	白眼
残翅	*vg*	翅残缺，不能飞
卷刚毛	*sn*	刚毛卷曲
黑檀体	*e*	体乌木色，黑亮
棒眼	*B*	眼棒状，小眼数少
小形翅	*m*	翅小，与腹部等长
黄体	*y*	体呈淡黄色

三、实验仪器、药品和试剂

1.仪器用具

双筒解剖镜、恒温箱、高压蒸汽消毒器、天平、放大镜、培养瓶、麻醉瓶、白纸、镊子、用纱布包裹的棉球或海绵块瓶塞、吸水纸、标签、毛笔、铅笔、胶水。

2.药品试剂

玉米粉、酵母粉、蔗糖、乙醚、乙醇、丙酸、琼脂、蒸馏水。

3.培养基

玉米—琼脂饲料(配制方法见附录)。

四、实验内容

1.野生型果蝇基本特征的观察

野生型果蝇是指没有发生任何基因突变的果蝇品系，它具有红眼、直刚毛、长翅、灰身的特征，并且已经对其相对应基因进行了定位，常常作为果蝇杂交实验的亲本。

2.突变型果蝇的突变性状的观察

突变型果蝇与正常野生型有明显差别。果蝇的突变性状很多，已育成许多纯合的突变品系。根据已知定位的基因，可选用适当的品系进行杂交遗传试验，观察和统计杂交后代的性状表现，从而验证遗传的基本规律。

五、实验步骤

(1)取适量乙醚滴于麻醉瓶的棉塞上。

(2)分别将不同品系的果蝇从培养瓶中拍落入麻醉瓶中，全部深麻致死，倒在白纸上。

(3)麻醉后的果蝇放在白纸上用毛笔刷拨动，根据各自品系特征，用肉眼、放大镜或解剖镜进行观察、鉴别。仔细观察突变种果蝇体色、眼色及翅的形状与野生型果蝇的异同点。对实验所选用的一些突变性状，例如红眼与白眼、正常翅与小形翅、残翅、黑檀体、灰体等，初学者可借用解剖镜鉴定。

六、作业

(1)描述所观察到的野生型和突变型果蝇的相对特征。

(2)能够迅速识别具有不同性状的果蝇。

实验五　果蝇的杂交实验

一、果蝇的单因子杂交实验

(一)实验原理

一对基因在杂合状态中保持相对独立性,而在配子形成时,又按原样分离到不同的配子中去。理论上配子的分离比是1∶1,子二代基因型的分离比是1∶2∶1,若显性完全,子二代表型的分离比是3∶1。这就是分离定律。

(二)实验目的

(1)理解分离定律的原理。

(2)掌握果蝇的杂交技术。

(3)记录交配结果和掌握统计处理方法。

(三)实验材料

黑腹果蝇(*Drosophlia melanogaster*)品系:

(1)长翅果蝇:+/+。

(2)残翅果蝇:*vg*/*vg*。

(四)实验器具

麻醉瓶、白瓷板、放大镜、毛笔、镊子、培养瓶、死蝇盛留器。

(五)实验药品和试剂

乙醚、玉米粉、琼脂、红糖、酵母粉、丙酸。

(六)实验步骤

(1)选择野生型(长翅)和残翅果蝇为亲本,做正交和反交组合。雌蝇一定要选择处女蝇。处女蝇在实验前2～3 d陆续收集,收集数目根据实验需要而定。

(2)把长翅果蝇和残翅果蝇进行杂交，正交与反交各一瓶。正交：长翅(♀)×残翅(♂)；反交：长翅(♂)×残翅(♀)。

正交方法：

①把长翅处女蝇倒出麻醉，挑出 5～6 只移到培养瓶中。

②其次把残翅倒出麻醉，在放大镜下，白瓷板上仔细挑出 5～6 只雄蝇，移到上述培养瓶中。

③贴好标签，标签形式如下：

(正交)	(反交)
P：+/+ × *vg*/*vg* ♀　　　♂	P：+/+ × *vg*/*vg* ♂　　　♀
日期：	日期：
姓名：	姓名：

④把培养瓶放到 23℃培养箱中培养。

反交与正交方法一样。

(3)7～8 d 后，倒出亲本果蝇。

(4)再过 4～5 d，F_1 成蝇出现，观察 F_1 翅膀，连续 2～3 d。

(5)麻醉 F_1 成蝇，移出 5～6 对果蝇，放到另一培养瓶内(此时雌蝇无须处女蝇)，贴好标签，在 23℃培养箱中培养。反交同样做一瓶。

(6)7～8 d 后，移去 F_1 代果蝇。

(7)再过 4～5 d，F_2 成蝇出现，将其麻醉后开始观察和分类统计，连续进行 7～8 d。被统计过的果蝇放到死蝇盛留器中。

(七)实验结果

(1)观察并统计正、反交 F_1 代的表型及个体数，比较正、反交实验结果，分析基因间的显隐性关系，并将实验结果填入表 5-1。

(2)观察并统计正、反交 F_2 代的表型及各种表型的个体数，计算不同表型个体数的比例，比较正、反交实验结果，并将实验结果填入表 5-2。

(3)根据实验结果，对该实验 F_2 代的统计结果做 χ^2 测验，并将数据填入表 5-3。

表 5-1　正、反交 F_1 代的表型及个体数

统计日期	长翅(♀)× 残翅(♂)		长翅(♂)× 残翅(♀)	
	长翅数	残翅数	长翅数	残翅数
合　计				

表 5-2　正、反交 F_2 代的表型及各种表型的个体数

统计日期	长翅(♀)× 残翅(♂)		长翅(♂)× 残翅(♀)	
	长翅数	残翅数	长翅数	残翅数
合　计				

表 5-3　F_2 代做 χ^2 测验结果

项目	长翅(正交、反交合并)	残翅(正交、反交合并)	合　计
实验观察数(O)			
理论数(E)			
偏差($O-E$)			
$(O-E)^2/E$			

注：自由度$=n-1$；$\chi^2=\sum(O-E)^2/E$。

(4)查 χ^2 表，得出结论。

(八)作业

完成上述各表，并作简要分析。

二、果蝇的二因子杂交实验

(一)实验原理

位于非同源染色体上的两对基因，它们所决定的两对相对性状在杂种第二代是自由组合的。因为根据孟德尔第二定律，一对基因的分离与另一对(或另几对)基因的分离是独立的，所以一对基因所决定的性状在杂种第二代中的分离比是3∶1，而两对相互不连锁的基因所决定的性状，在杂种第二代中表型分离比为9∶3∶3∶1。

(二)实验目的

(1)了解两对基因的杂交方法。
(2)记录交配结果和掌握统计处理方法。
(3)正确认识二对基因自由组合的原理。

(三)实验材料

黑腹果蝇的突变品系：
黑檀体突变型(ee)；
残翅突变型($vgvg$)。

(四)实验器具和药品

双筒解剖镜、麻醉瓶、白瓷板、解剖针、放大镜、毛笔、镊子、培养瓶、死蝇盛留器。

(五)实验药品和试剂

乙醚、玉米粉、琼脂、红糖、酵母粉、丙酸。

(六)实验步骤

(1)收集雌果蝇品系的处女蝇。

(2)准备好培养基(配方见附录)，把已麻醉的雌雄残翅果蝇和黑檀体雌雄果蝇各5～6对，按正、反交方式，分别放入不同培养瓶内，进行杂交，贴好标签。标签形式如下：

（正交）	（反交）
P：$vgvg++ \times ++ee$ ♀　　　♂ 日期： 姓名：	P：$++ee \times vgvg++$ ♀　　　♂ 日期： 姓名：

(3)把培养瓶放到23℃培养箱中培养。

(4)6～7 d后，见到有 F_1 幼虫出现，去除亲本。

(5)再过3～4 d，检查 F_1 成蝇的性状，应该是灰体、长翅(正、反交相同)。若性状不符，表明实验有误差，不能再进行下去。发生差错的原因可能是亲本果蝇不是处女蝇；F_1 幼虫出现后亲本未倒干净；杂交时雄蝇选择有误；以及亲本原种不纯等。

(6)在原来的正、反交组合中各选择5～6对 F_1 成蝇(♀、♂)，换新的培养瓶，贴好标签，继续饲养(此时雌蝇无须处女蝇)。

(7)6～7 d后，除去 F_1 代果蝇。

(8)再过3～4 d，F_2 成蝇出现，将其麻醉后(可以深度麻醉)倒在白瓷板上，开始观察和分类统计。每隔1～2 d进行一次，连续6～7 d(当 F_3 出现就失去意义了)。

(七)实验结果

(1)观察并统计 F_2 代的表型及各种表型的个体数，特别要注意新性状组合个体的出现。计算不同表型个体数的比例，确定这两对基因的遗传规律 F_2(正、反交合并统计果蝇数目)，并将实验结果填入表5-4。

表5-4　F_2 代的表型及各种表型的个体数

统计日期	子代类型			
	长灰	长黑	残灰	残黑
合　计				

(2)将统计结果做 χ^2 测验,并将数据填入表 5-5。

表 5-5　F_2 代的 χ^2 测验结果

项目	长灰	长黑	残灰	残黑	合计
实验观察数(O)					
理论数(E)					
偏差($O-E$)					
$(O-E)^2/E$					

注:自由度 $= n-1$,$\chi^2 = \sum(O-E)^2/E$。

(3)查 χ^2 表,得出结论。

(八)作业

完成上述各表,并作简要分析。

三、果蝇的伴性遗传实验

(一)实验原理

位于性染色体上的基因,其遗传方式与位于常染色体上的基因不同,它的传递方式与雌雄性别有关,因此称为伴性遗传(sex-linked inheritance)。

果蝇的性染色体有 X 和 Y 两种,雌蝇为 XX,是同配性别;雄蝇为 XY,是异配性别。

(二)实验目的

(1)记录交配结果并掌握统计处理方法。

(2)正确认识伴性遗传的正、反交的差别。

(三)实验材料

黑腹果蝇品系:

(1)野生型(红眼,wild type):X^+X^+(♀),X^+Y(♂)。

(2)突变型(白眼,white eye):X^wX^w(♀),X^wY(♂)。

红眼、白眼基因位于 X 染色体上。

(四)实验器具和药品

(1)用具。双筒解剖镜、麻醉瓶、白瓷板、解剖针、放大镜、毛笔、镊子、培养瓶、死蝇盛留器。

(2)药品。乙醚、玉米粉、琼脂、红糖、酵母粉、丙酸。

(五)实验步骤

(1)收集处女蝇。由于孵化出的幼蝇在 12 h 内(更可靠是 8 h)不交配,因此必须在这段时间内把雌、雄果蝇分开饲养,所得到的雌蝇即为处女蝇。雌性果蝇的生殖器官中有贮精囊,一次交配可保留大量精子,供多次排卵受精用,因此做杂交实验前必须收集未交配过的处女蝇。

(2)准备好培养基(配方见附录),按正、反交组合,把已麻醉的红眼♀(X^+X^+)、白眼♂(X^WY)和红眼♂(X^+Y)、白眼♀(X^WX^W)各 5~6 对分别放入不同的培养瓶内进行杂交,贴上标签。标签形式如下:

(正交)
P:X^+X^+ × X^WY
♀ ♂
日期:
姓名:

(反交)
P:X^WX^W × X^+Y
♀ ♂
日期:
姓名:

(3)把培养瓶放到 23℃培养箱中培养。

(4)6~7 d 后,见到有幼虫出现,即除去亲本果蝇。

(5)再过 3~4 d,观察 F_1 成蝇的性状。(正反交结果有什么不同?眼色和性别的关系如何?)

(6)将所出现的 F_1 雌、雄果蝇麻醉后,挑出 5~6 对换入新的培养瓶中,贴好标签,继续饲养(此时雌蝇无须处女蝇,为什么?)。

注意:正、反交组合的后代不能混合,应分别饲养。

(7)6~7 d 后,清除干净 F_1 代果蝇。

(8)再过 3~4 d,F_2 成蝇出现,将其麻醉后(可以深度麻醉)倒在白瓷板上,开始观察(眼色和性别)和分类统计。每隔 1~2 d 进行一次,连续 6~7 d。

(六)实验结果

(1)正交：$X^+X^+ \times X^WY$。

将 F_1 代的实验结果填入表 5-6。

表 5-6 F_1 代的实验结果

统计日期	各类果蝇的数目	
	♀红眼	♂红眼

将 F_2 代的实验结果填入表 5-7。

表 5-7 F_2 代的实验结果

统计日期	各类果蝇的数目			
	♂红眼	♂白眼	♀红眼	♀白眼
合　计				
百分比				

(2)反交：$X^WX^W \times X^+Y$。

将 F_1 代的实验结果填入表 5-8。

表 5-8 F_1 代的实验结果

统计日期	各类果蝇的数目	
	♀红眼	♂白眼

将 F_2 代的实验结果填入表 5-9。

表 5-9　F_2 代的实验结果

统计日期	各类果蝇的数目			
	♂红眼	♂白眼	♀红眼	♀白眼
合　计				
百分比				

(3)分别将正反交统计结果做 χ^2 测验。

(七)作业

完成上述各表,并作简要分析。

实验六　果蝇的基因定位与遗传作图

一、实验目的

通过果蝇的杂交，分析连锁基因在杂交后代的分离情况，掌握三点测验的方法，进行基因定位和遗传作图。

二、实验原理

这是果蝇的基因定位常用而可靠的方法。它以3对连锁着的基因为基本单位进行测定，只通过一次杂交和一次测交就可以同时确定3对基因在染色体上的位置和次序，由于它可以获得双交换的资料，因而比二点测交要准确。

实验前必须获得3个隐性基因的纯合体，然后与具有它们的等位的显性基因的纯合体雄蝇杂交，F_1 为3个基因的杂合体，当其中的雌蝇再与三隐性雄蝇测交时，由于杂合雌体中发生了双交换，F_2 群体中将会出现8种表型，它们的比例如实地反映了三杂合雌体的各种配子的比例，故根据实得个体数，就能求得其重组值，由所得的重组值，根据基因直线排列原理，便可以绘制出连锁图。

(1)获得三隐性体。在果蝇中若已知卷刚毛 *sn*，短翅 *m* 与白眼 *w* 均属于X染色体上的隐性突变基因。需进行三点测交确定它们的排列顺序与相对距离，为此，必须有 *sn*、*m*、*w* 3个基因隐性的纯合体。利用 *sn*、*m*、*w* 3个突变基因的纯合原种果蝇，进行一组比较复杂的杂交，即可期望得到上述3个基因隐性的纯合体。

(2)获得三杂合体。用重组得来的三隐性纯合体作为母本，野生型果蝇做父本，F_1 即可得到基因型为 *wmsn*/＋＋＋的个体，表型为野生型的三杂合体的雌蝇和表型为白眼、短翅、卷刚毛的雄蝇(*wmsn*/Y)测交。

(3)测交得到最终结果。将三杂合体处女蝇与三隐性纯合体的雄蝇测交(在此可以直接进行 F_1 的自交)，得如下结果(表6-1)。

(4)计算重组值，作连锁图。

根据计算的重组值，这3个基因的直线顺序是 *w*、*sn*、*m*。现在我们可以作3个基因的连锁图(图6-1)。

表 6-1　三杂合雌蝇（*wmsn*/＋＋＋）与三隐性雄蝇（*wmsn*/Y）交配得到的测交雄性子代的数据及重组率的计算

表型	基因型	实验得到各类型的果蝇数	比例/%	重组发生的基因		
				w-*sn*	*m*-*sn*	*w*-*m*
野生型	＋＋＋/Y	464	65.7			
白眼短翅卷毛	*w m sn*/Y	470				
白眼长翅直毛	*w* ＋ ＋/Y	149	19.7	√		√
红眼短翅卷毛	＋ *m sn*/Y	131				
红眼短翅直毛	＋ *m* ＋/Y	112	12.9		√	√
白眼长翅卷毛	*w* ＋ *sn*/Y	71				
白眼短翅直毛	*w m* ＋/Y	10	1.7	√	√	
红眼短翅卷毛	＋ ＋ *sn*/Y	14				
总计		1 421	100	21.4%	14.6%	32.6%

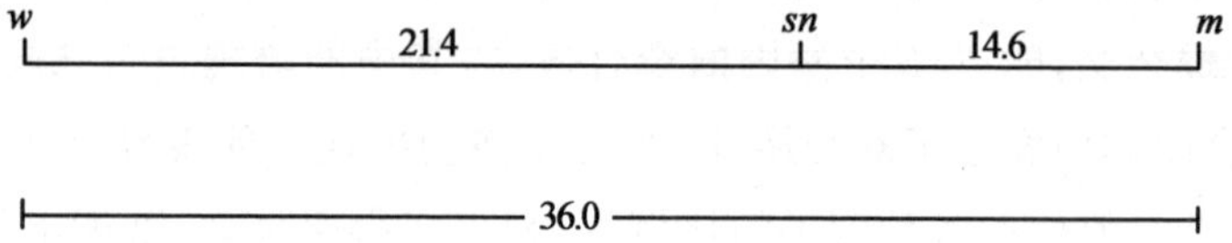

图 6-1　*w*、*m*、*sn* 3 个基因的连锁图

三、实验材料

(1)野生型果蝇。红眼(＋)、直刚毛(＋)、长翅(＋)。

(2)突变型果蝇。白眼(*w*)、卷刚毛(*sn*)、短翅(*m*)。

四、实验仪器及用具

白瓷板、毛刷、铁片、解剖针、放大镜、麻醉瓶、死蝇盛留器、培养瓶、解剖镜、恒温培养箱。

五、实验药品和试剂

(1)乙醚，50%酒精。

(2)果蝇的玉米—琼脂饲料培养基(配方见附录)。

六、实验步骤

(1)亲本培养。杂交前 10～15 d,从野生型果蝇品系和突变型果蝇品系中,挑选雌雄各 5 对,分别放入各自的培养瓶中进行近亲繁殖,置于 25℃培养箱中培养。

(2)收集处女蝇。杂交前 2～3 d 收集处女蝇 ,培养在培养瓶中 ,每瓶 5～6 只,培养瓶中有标准量的饲料,贴好标签,置于 25℃恒温箱培养。

(3)杂交。挑选所需野生型雄蝇放到处女蝇瓶中去杂交,每瓶 5～6 只。

(4)约 1 周后,当培养瓶中有三龄蛹(黑色)出现时,将亲本全部去除,继续培养。

(5)当 F_1 成虫完全羽化出来后,可观察到雌蝇全部是野生型表型,雄蝇都是三隐性。

(6)取上述杂交 F_1 的雌蝇与雄蝇 20 对移入新的培养瓶中继续杂交,每瓶 5～6 只。

(7)约 1 周后,当培养瓶中有三龄蛹出现时,将亲本全部去除,继续培养。

(8)再经 4～5 d,蛹孵化出 F_2 成蝇,开始观察。

(9)在解剖镜下仔细观察其表型。首先按眼色分类:红眼、白眼。然后将红眼中的长翅、短翅分开;白眼中的长翅、短翅分开来;最后仔细观察四份中的个体,将卷刚毛与直刚毛分开,观察并计数。连续观察并记数 5～7 d。必须有足够数量的 F_2 个体,至少统计 250 只果蝇。

(10)按示例方法计算重组值,绘制连锁图。

七、作业

(1)将果蝇三点测验的杂交结果分析,根据测交后代 8 种表现型,推断这 3 对基因的排列顺序。

(2)计算各基因间的重组值,绘制连锁遗传图。

实验七　果蝇X染色体隐性突变基因的检出

一、实验目的

(1)了解果蝇X染色体隐性致死突变基因检出的原理和方法。

(2)了解Muller-5品系的特点及作用。

二、实验原理

突变在遗传学研究中具有很重要的作用。新突变的获得往往成为一个新研究课题的开始。突变的检出则显得十分重要。对不同生物材料,根据各自特征发展了各种各样的突变检出方法。而对于二倍体的真核生物,伴性遗传基因和常染色体基因突变的检出又有所不同。Muller H. J. 独创性地发展了几种定量测定基因突变的技术,其中最著名的就是"ClB测验"与"Muller-5"测验。

测验果蝇X染色体上隐性突变基因用的ClB品系具有下列特点:①C。代表X染色体上一段长的倒位,以抑制交换,使X染色体在连续世代中能保持其完整性。②l。代表含有C的X染色体上的一个隐性致死基因(lethal gene)。纯合时,造成个体发育早期致死,杂合时则表型正常。③B。代表上述X染色体上带有一个显性的棒眼基因B(Bar eye)。由于是显性的,所以棒眼的表现就表明这条染色体的存在。带有ClB的染色体的杂合雌性为宽棒眼,而雄蝇由于带致死基因而死亡。若受检父本X染色体上突变有新的隐性致死基因a′,一般也不会与ClB染色体上的l基因有等位关系,而呈现平衡致死等,所以这些子代的ClB型雌蝇是可以存活的,可用来再与正常野生型雄果蝇分别一一交配。

ClB测验的过程如图7-1所示。

F_1性别比为2♀∶1♂,在存活的个体中,有1/2的雌蝇带有ClB染色体和来自于父本的待测染色体,由于它表现棒眼(杂合体的棒眼为宽棒眼),所以很易识别。要知道这种雌性果蝇个体的待测X染色体上是否带有新的隐性致死基因a′,只需将这类处女果蝇选出,让其与F_1中正常雄蝇进行单对交配,观察F_2代结果。若F_2中没有雄蝇出现,即说明待测染色体上有隐性致死突变基因(a′),如图7-2所示。

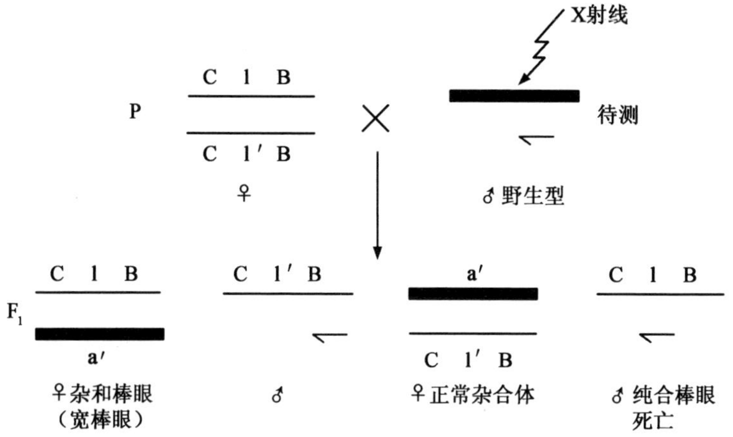

图 7-1　ClB 测验过程

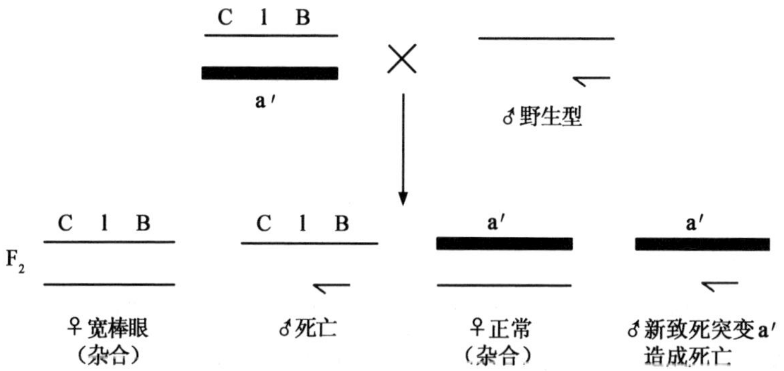

图 7-2　F_2 代结果

对于第 3 种表型正常的雌蝇，带有新的致死突变基因 a′的杂合体可用以进一步的研究分析致死基因的作用。

检出 X 染色体的隐性致死突变的 Muller-5 技术目前日益代替了“ClB 法”。果蝇 Muller-5（简写 μ_5 = Basc）品系的特征是：X 染色体上带有 B（Bar，棒眼）和 W^a（apricot，杏黄色）基因，此外，X 染色体上带有两个倒位，它可以抑制 μ_5 的 X 染色体与野生型的 X 染色体的重组，故称这种倒位为交换抑制因子。

实验时，将野外采集来的，或经过诱变剂处理过的雄蝇与 μ_5 雌蝇（处女）交配，得到 F_1 后，做单对交配，可观察 F_2 的分离情况。如有致死突变，子二代中没有野生型雄蝇。如有隐性的可见突变，则除 μ_5 雄蝇外，还会出现 1/2 的具有可见突变性状的雄蝇。杂交程序如图 7-3 所示：

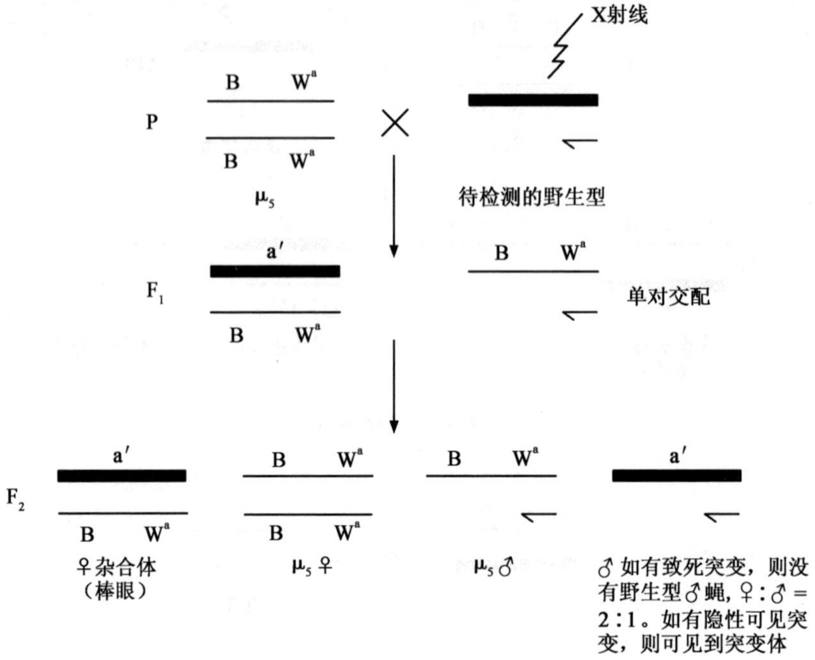

图 7-3

此法的优点是：简便直观。F_2 代是否有野生型雄蝇，可以明确地决定，也可检出可见突变体。致死基因(a′)在子二代杂合体雌蝇(棒眼)中，可 $\frac{a'}{B\ \ W^a}$ 供进一步研究致死基因杂合体中的作用。

但此法有如下缺点：只能检出完全致死(100%致死)的隐性致死基因，这种致死作用一定要发生在成蛹期以前。有时 Y 染色体上有些正常作用的基因，可以降低 X 染色体的致死作用。而我们要分析的主要是 F_2 中雄蝇的致死表现，所以有时不能正确地估计隐性致死突变率。

据 Muller 估计，果蝇 X 染色体的自然突变率大约是 1.5×10^{-3}，即 1 000 个所测配子中，大约有 1.5 个 X 染色体发生了致死突变。如果用 0.903 C/kg 的 X 射线处理雄果蝇，可以期望产生 10%的 X 染色体致死突变。

三、实验材料

黑腹果蝇品系：

野生型果蝇品系、Muller-5 品系。

四、实验器具

解剖镜、放大镜、培养瓶、麻醉瓶、毛笔、X 射线仪、生物胶胶囊。

五、实验药品和试剂

果蝇培养基、乙醚。

六、实验步骤

(1)选取孵出 5 d 的雄性野生型果蝇，装入生物胶胶囊中，置于不同剂量 X 射线条件下处理。

(2)经处理后的雄果蝇与 Muller-5 纯合原种的雌性处女蝇杂交，每瓶接入 5 对，不同剂量处理的雄果蝇注意分开。

(3)交配 24 h 后即可除去亲本，这样做是为了控制雌蝇产卵量和 F_1 数量，避免以下做单对杂交时工作量过大。

(4)对 F_1 果蝇进行单对杂交，每对置于一小培养瓶，作杂交培养。

(5)5～7 d 后除去 F_1 代果蝇。

(6)自 F_2 成虫羽化时起，逐瓶逐批地麻醉它们，观察 F_2 雄性果蝇的表型。如统计观察 7 只以上 F_2 雄性果蝇，而没有野生型出现，即可断定该单对母本果蝇 X 染色体上带有隐性致死基因。

七、作业

根据杂交实验情况，记录实验数据及结果(自行设计表格)。

实验八　环境对果蝇基因表达的效应

一、实验目的

(1)了解影响果蝇基因表达效应的因素。

(2)学会分析环境与果蝇基因表达效应之间的关系。

二、实验原理

基因表达除受遗传因素的影响外，还要受环境因素的影响。本实验以一对果蝇的配偶，在18℃恒温条件下，培养在不同体积的培养瓶中作为环境处理，对于这种处理最敏感和最便于记录的性状是每对配偶所产生的果蝇成虫的总数。这类实验最适用的基因型是果蝇的近交系以及由近交系之间的杂交所产生的F_1。因为这些基因型在某一个近交系内或某一F_1内，任何一对配偶都应该产生同样的后裔，除非有环境效应存在，因而判断是可靠的。果蝇的发生量容易受许多试验误差的影响，同时每一对配偶仅仅提供一个估计值，所以，每一种基因型在每一种处理中，必须有多次重复，以便提供误差的估计、提高精确度。

本实验取果蝇的两个近交系(A,B)作 AA×AA，BB×BB，$AA\times BB_{F_1}$，$BB\times AA_{F_1}$杂交，各种基因型分别取10对配偶分别饲养于5个大瓶和5个小瓶内。约10 d后，记录不同处理的每对配偶产生的果蝇数目并计算其表型参数，填入表8-1。然后对其结果进行分析。

(1)大瓶和小瓶出现的果蝇平均数的差异。

(2)不同基因型之间大瓶与小瓶平均发生量的差异。

(3)方差分析：基因型之间、环境之间、基因型和环境互作等方面对果蝇发生量的影响是否存在显著差异。

(4)对基因型和环境互作对果蝇发生量的影响进行分析。

表 8-1　不同处理的每对配偶产生的果蝇数目及其表型参数

基因型	环境处理				平均值的差异
	小瓶	$\bar{x}\pm\sigma_{n-1}$	大瓶	$\bar{x}\pm\sigma_{n-1}$	
AA AA×AA					
AB AA×BB_{F_1}					
AB BB×AA_{F_1}					
BB BB×BB_P					
$\bar{x}\pm\sigma_{n-1}$					

三、实验材料

野生型果蝇(EE),突变型果蝇——黑檀体(ee),果蝇饲料。

四、实验药品和试剂

恒温培养箱、培养瓶、果蝇实验常规用具、乙醚、50%酒精。

五、实验步骤

(1)大约在 12 d 前,完成 EE × ee 及 ee× EE 的杂交,以便获得基因型 Ee 的成虫。

(2)分别取发育良好 EE×EE、ee×ee、EE×ee_{F_1}、ee×EE_{F_1} 型的处女蝇各 10 只(3 d 龄左右),同龄的雄蝇各 10 只,然后对其进行配对。配对方式如下:

EE×EE (10 对)　ee×ee (10 对)　EE×ee_{F_1} (10 对)　ee×EE_{F_1} (10 对)

分别装在预先贴好标签和装有饲料的 5 个大瓶和 5 个小瓶内。

(3)将所有培养瓶随机地放置在恒温培养箱中 18℃培养。

(4)约 9 d 后,当培养瓶壁有黑色蛹出现时,除去亲本,自后裔羽化之日起,每天定时记录每瓶中的成虫数日,连续 10 d。统计成虫总数。

(5)结果分析。

①按表 8-1 的格式整理数据,并计算其表型参数 $\bar{x}$ 及 σ_{n-1}。

②按表 8-2 数字模型以及给出的公式(表 8-3)作方差分析,检验基因型与环境

的互作方差是否有显著差异。

③讨论实验结果。

表 8-2 有重复的两因素多组群数字模型

基因型 $i=1,2\cdots a$	处理 $B_1, B_2\cdots B_b$ $j=1,2\cdots b$	总计
A_1	$x_{111}\quad x_{121}\cdots x_{1b1}$ $x_{112}\quad x_{122}\cdots x_{1b2}$ $\vdots\quad\vdots\quad\vdots$ $x_{11k}\quad x_{12k}\cdots x_{1bk}$	$x_{1}\cdots$
A_2	$x_{211}\quad x_{221}\cdots x_{2b1}$ $x_{212}\quad x_{222}\cdots x_{2b2}$ $\vdots\quad\vdots\quad\vdots$ $x_{21k}\quad x_{22k}\cdots x_{2bk}$	$x_{2}\cdots$
$\vdots$	$\vdots\quad\vdots\quad\vdots$	
A_a	$X_{a11}\quad x_{a21}\cdots x_{ab1}$ $X_{a12}\quad x_{a22}\cdots x_{ab2}$ $\vdots\quad\vdots\quad\vdots$ $x_{a1k}\quad x_{a2k}\cdots x_{abk}$	$x_{a}\cdots$
总计		$x\cdots$

表 8-3 有重复的两因素多组群方差分析公式表

变因	自由度	平方和(SS)	均方(MS)
总的	$n-1$	$SS_T=\sum x''-C$	
基因型(A)	$a-1$	$SS_A=\dfrac{x_1^2+x_2^2+\cdots+x_a^2\cdots}{bk}-C$	$MS_A=\dfrac{SS_A}{a-1}$
处理(B)	$b-1$	$SS_B=\dfrac{x_{.1.}^2+\cdots+x_{.b.}^2\cdots}{bk}-C$	$MS_B=\dfrac{SS_B}{b-1}$
基因型×处理(互作)(C)	$(a-1)(b-1)$	$SS_C=\left[\dfrac{x_{.1.}^2+x_{.2.}^2+\cdots+x_{.ab.}^2\cdots}{k}-C\right]-SS_A-SS_B$	$MS_C=\dfrac{SS_C}{(a-1)(b-1)}$
误差	剩余值	SS_D=剩余值	$MS_D=\dfrac{SS_D}{\text{剩余值}}$

其中 $C=\frac{(x\cdots)^2}{n}$ 称为矫正项。

方差分析中的 F 检验：

基因型间的 F 值 $=\frac{MS_A}{MS_D}$

处理间的 F 值 $=\frac{MS_B}{MS_D}$

互作间的 F 值 $=\frac{MS_C}{MS_D}$

六、作业

(1)详细记录数据，并对实验结果进行分析。

(2)比较基因型、环境、环境和基因型的互作对果蝇发生量的不同影响。

实验九　果蝇数量性状的遗传分析

一、实验目的

（1）以果蝇为材料，在较简便的操作条件下，用较短的时间获得亲代与其子代的一个数量性状——腹侧板刚毛的资料。

（2）运用数量性状的分析方法，计算遗传力，从而了解数量性状的遗传特点及其在研究生物群体数量性状遗传中的重要意义。

二、实验原理

我们所观察的许多性状都是质量性状（不连续性状）。如果蝇的红眼-白眼、长翅-残翅、直刚毛-卷刚毛等性状，这些性状是由一到两对基因控制的，不同性状之间界限分明，在实验室中研究的许多遗传性状都属于这种类型。然而，自然界中的许多变异，以及动物育种中的许多重要性状都是连续变异的，变异之间没有明显的界限，称为数量性状，如高度、生长率、产量等，这些性状表现出从一个极端到另一个极端的变异范围。数量性状同时受到基因和环境的强烈影响，而且通常是多基因相互作用决定的，每个基因的作用是微小而相等的。

群体某一数量性状的遗传方差与总的表型方差的比率，通常称为该性状的遗传力（heritability）记为 H^2。其定义式为：

$$H^2=\frac{V_G}{V_P} \quad \text{或} \quad H^2=\frac{\delta_G^2}{\delta_P^2}$$

遗传力是进行动物育种时必须利用的一种参考数值或统计常数之一。遗传力可分为广义遗传力和狭义遗传力两种。

狭义遗传力是指数量性状育种值方差占表型方差的比例，用 h^2 表示，其公式为：

$$h^2=\frac{V_A}{V_P} \quad \text{或} \quad h^2=\frac{\delta_A^2}{\delta_P^2}$$

它所表示的是，在性状由父母到子女的传递过程中可遗传并能予以固定的部分。因而它是群体最重要的性质之一。

本实验将说明如何研究数量性状，如何区分遗传与环境因素在数量性状决定中所起的作用。

首先以一次实验观察的统计结果(表 9-1、图 9-1 至图 9-3)进行说明。我们会发现:该性状的变化是连续的,变异范围为 11～23,且呈正态分布,这是典型的数量性状分布形式。

在每一品系中,与刚毛平均数偏离的变异,就是环境对刚毛数目的影响作用,这是因为每一品系中的果蝇都是近交的(即来自反复的兄妹交配),这样,它们就具有相同的遗传基础,而且决定刚毛数目的基因都是纯合的。因此,在这种情况下表现出的刚毛数目变异肯定是环境引起的,来自培养条件的细微差别(如温度、食物等)。虽然两个品系刚毛数目的分布有重叠,但它们仍存在明显差异,这种差异可以通过不同的平均数反映出来,而且因为培养条件相同,所以这种差异不是环境造成的,而是两个品系间的遗传差异,即两个品系中决定刚毛性状的多基因数目不同。这样,高、低刚毛数目品系的基因型可用 AAB′B′C′C′D′D′E′E′、AABBCCDD-

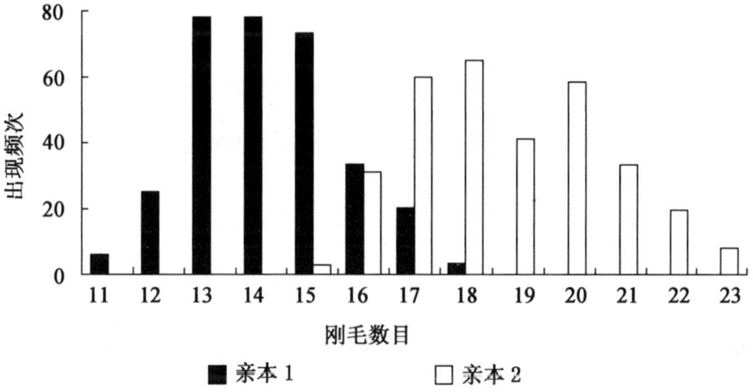

图 9-1 亲本果蝇腹侧板上刚毛数目及出现频率

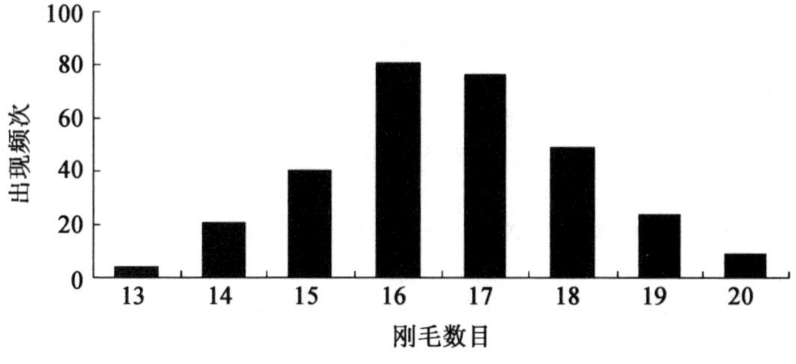

图 9-2 F_1 果蝇膜侧板上刚毛数目及出现频率

E′E′来表示，例如，A、B、C、D…在确定刚毛数目性状上具有同等效应，而且其效应具有累加性，反之，C′、D′、E′…没有作用。

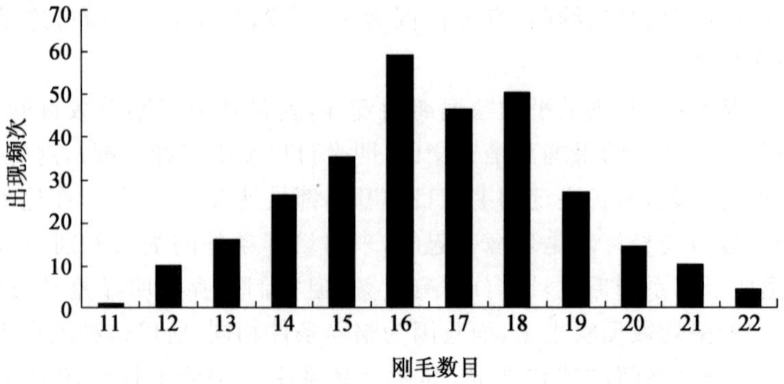

图 9-3 F_2 果蝇腹侧板上刚毛数目及出现频率

用高、低刚毛数目品系杂交产生的 F_1 代和 F_2 代。根据三代（亲代、F_1 代和 F_2 代）果蝇腹侧板上的刚毛数，可计算遗传力，即基因对于刚毛数目变异的贡献。

表 9-1 亲代、F_1 代和 F_2 代果蝇腹侧板上刚毛数目的频率分布、平均值和标准差

亲代和子代	刚毛数目													平均值	方差
	11	12	13	14	15	16	17	18	19	20	21	22	23		
P_1	5	25	75	74	70	30	19	2						14.2	2.02
P_2					2	27	59	62	41	56	30	17	6	18.7	3.27
F_1			4	20	40	82	76	46	24	8				16.6	2.18
F_2	1	10	16	26	35	60	40	45	50	28	16	10	3	16.6	4.92

根据表 9-1，我们进行如下分析和计算：

1. 平均值

即每只果蝇腹侧板上刚毛数的平均数，用 $\bar{X}$ 表示。

$$\bar{X}=\{f(X_1)+f(X_2)+f(X_3)+\cdots+f(X_N)\}/N$$

式中，f 为出现频率；$X_1 \cdots X_N$ 为各种类型的刚毛数目；N 为 观察果蝇总数。

2. 方差

用 V 表示。它可以用来度量数值与平均值的离散程度，即刚毛数目的变化情况。

$$V=\{f(X_1-\overline{X})^2+f(X_2-\overline{X})^2+f(X_3-\overline{X})^2+\cdots+f(X_N-\overline{X})^2\}/(N-1)$$

3. 环境方差

正如上面所述，两个亲本品系强烈近变，遗传基础非常一致并且纯合，因此，刚毛数目与平均数之间的偏离（即 V_{P_1}、V_{P_2}）一定是因为果蝇发育过程中环境的影响造成的。环境引起的方差用 V_E 表示，这样：

$$V_{P_1}=V_{P_2}=V_E$$

F_1 代的遗传基础也将非常一致。但对于两个亲本不同的基因位点将是杂合的。上面例子中的 F_1 代的基因型为 AABB′CC′DD′E′E′，因此，F_1 代的方差也是由于环境因子引起的，即：

$$V_{F_1}=V_E$$

因此，F_1 代和两个亲本的方差为我们提供了 3 种度量环境方差的方法。在下面的计算中，我们取 3 个方差（表 9-1）的平均值（即 2.49）作为环境方差的数值。

从图 9-2 可以看出，F_1 代刚毛数量分布基本居于两个亲本的中间，这表明造成两个亲本刚毛数量不同的等位基因不存在显、隐性关系，因此用 A 和 A′、B 和 B′等表示，而不用 A 和 a、B 和 b 表示。

4. 遗传方差

F_2 代刚毛数目的变异范围基本涵盖了两个亲本的变异范围之和，F_2 代的方差也比两个亲本或 F_1 代大得多，这不仅是因为存在环境方差，而且因为遗传方差的存在。遗传方差（用 V_G 表示）来自 F_1 代减数分裂中多基因的分离和重组，这将在 F_2 代产生众多的基因型，它们的刚毛数量从一个极端到另一个极端，而且存在很多中间类型。这样：

$$V_{F_2}=V_G+V_E$$

如果假定 F_2 代的培养条件与亲本和 F_1 代相同，我们可以计算出 V_G。

就表 9-1 来说：

$$V_{F_2}=4.92$$

$$V_G=4.92-2.49=2.43$$

5. 遗传力

用 h^2 表示。遗传力（这里指广义遗传力）是指遗传方差在总方差中所占的比例，即 V_G/V_{F_2}，其数值在 0～1。

就表 9-1 来说：

$$h^2 = 2.43/4.92 = 0.49$$

换句话说，果蝇腹侧板上刚毛数目的变异，约 50%是由于遗传因素引起的，另约 50%是由于环境引起的。

三、实验材料

(1)黑腹果蝇。实验室中保存的材料因长期近交，缺乏遗传变异，应利用野外采集的果蝇，将其培养成近交系，然后选定分别表现出高、低腹侧板刚毛数的两个品系进行该实验。培养果蝇时避免密度过大，温度在 20℃左右，稍低于正常饲养温度，这样成虫个体大，容易观察刚毛和计数。

(2)实验中涉及的两个果蝇自交系，它们在腹侧板上的刚毛数量方面表现出较大差异。腹侧板上的刚毛由 2～3 根长刚毛和一排小刚毛组成(图 9-4)，通常雄性个体因为体形较小，腹侧板上的刚毛数量也较少，因此，为避免因性别差异造成的误差，实验中可只数同一性别(一般为雌性)个体腹侧板上的刚毛。当然，若统计的果蝇数目足够多，也可同时统计雌、雄个体。

图 9-4　果蝇腹侧板上刚毛形态

四、实验器具

恒温培养箱、解剖针、体视显微镜、麻醉瓶、吸水纸、白瓷板和指管(或大试管)、毛笔、死蝇盛留器、EL-5002 型计算器等。

五、实验药品和试剂

果蝇培养基(见附录)、乙醚。

六、实验步骤

(1)根据上面所介绍的方法及已做过的果蝇杂交实验所用方法，自行设计杂交实验，并对亲本、F_1、F_2 代果蝇腹侧板上刚毛数进行统计分析，计算有关参数。

(2)在实验中，学生应对亲本、F_1 和 F_2 个体的两侧腹侧板上的刚毛进行计数。为了掌握计数的方法，可先对刚毛较少的品系进行计数，待掌握方法后再对刚毛较多的品系计数。每个品系统计的果蝇数为 200～300 只。

七、作业

(1)根据统计数据，绘制亲本、F_1、F_2 代果蝇腹侧板上刚毛数频率分布柱状图。

(2)计算环境方差和遗传方差。

(3)计算刚毛数的遗传力。

实验十　果蝇唾液腺染色体的观察

一、实验目的

(1)掌握分离果蝇幼虫唾液腺的技术。

(2)观察了解果蝇唾液腺染色体的形态学及遗传学特征。

二、果蝇唾液腺染色体的有关知识

果蝇唾液腺染色体是1 000～4 000多条同源染色线精确配对聚集而成的多线染色体。这是染色体的多次复制,但细胞只生长不分裂的结果。这种染色体宽约5 μm,长约400 μm。相当于普通染色体的100～150倍。因而又称为巨大染色体。它经染色后,出现深浅不同、疏密各别的横纹。而这些横纹的数目和位置往往是恒定的,代表着果蝇等昆虫种的特征。染色体发生又缺失、重复、倒位、易位等结构变异时。很容易在唾液腺染色体上识别出来。所以果蝇唾液腺染色体是研究染色体结构畸变、基因定位及基因表达的良好材料。

三、实验材料

黑腹果蝇三龄幼虫。

四、器具和试剂

双筒解剖镜、显微镜、镊子、小烧杯、解剖针、载玻片、盖玻片、滤纸。

五、实验步骤

1. 三龄幼虫的饲养

黑腹果蝇容易饲养,也易获唾液腺,但为获得理想的染色体制片标本,需要采用生长良好、形体肥大的三龄幼虫,以保证唾液腺发育良好。所以饲养条件稍别于一般杂交饲养。

(1)饲料要求松软,含水量较高,营养丰富,发酵良好。可采用下列配方:

玉米粉100 g、红糖130 g、琼脂10 g、酵母粉20 g、苯甲酸0.75g、丙酸3 mL、加蒸馏水1 200 mL。

(2)在接种出现1龄幼虫后，将成虫移去，在饲料表面滴加低浓度的酵母液(2%～4.5%的水溶液)，每天滴加1～2滴。2～3龄幼虫期适当增加酵母液浓度(10%左右)。滴加量以覆盖饲料表面一薄层为宜。

(3)饲料营养对幼虫的发育固然重要，但幼虫密度过大亦会影响幼虫发育。故还需控制幼虫密度。这可通过控制成虫排卵时间来达到。一般情况下，培养瓶10对成虫交配后12 h左右将成虫转移。

(4)稍低的温度有利于幼虫的充分生长发育，因而可采用15～18℃培养。

2.唾液腺染色体制片

(1)检查幼虫培养瓶，取一适龄幼虫，置于载玻片上，并加上一滴生理盐水(如幼虫带有饲料可先用生理盐水洗净)，置双筒解剖镜下检查。首先熟悉幼虫结构，幼虫具一钝尾和带黑色口器的尖头端。

(2)在解剖镜下用两支解剖针，一支针压住头部，压点尽可能靠头部口器处。因为幼虫会蠕动，这一步需先练习几遍。

(3)幼虫头部固定之后，再用另一支针压住尾端(或用尖头镊子夹住)，平稳快速一拉，使口器部分断开，体内各器官也从切口挤出，一对唾液腺也随之而出。唾液腺是一对透明的香蕉状腺体，仔细观察可发现由一个个较大的唾腺细胞组成。

(4)分离的腺体可能伴有消化道和脂肪体。在载玻片上再加一滴生理盐水，确定取得了腺体后，再用刀片或镊子仔细剔除这些杂物，仅让腺体留下，或将腺体吸到干净载玻片上。

(5)用滤纸将多余的生理盐水吸去，注意不要碰着腺体，以防吸走。然后滴一滴醋酸洋红，染色10 min。

(6)染色后，盖上盖玻片，用滤纸轻轻吸去多余染液，然后放平在桌面，用大拇指压下盖玻片，可横向揉几下(注意不要使盖玻片滑动，且只朝一个方向揉动，不要来回揉。)，多练习几次，可望获得分散良好的制片。

(7)制好的压片即可在显微镜下观察。亦可制成永久制片，步骤如下：置酒精，冰醋酸(3∶1)固定液中固定，待盖片脱落后，再将有材料的载玻片和盖玻片通过下列顺序：95%酒精1 min，纯酒精1 min，再经纯酒精1 min，取出载玻片，加一滴优巴拉尔(euparal)光学树胶，再取出盖玻片盖下，即可。

六、作业

观察果蝇唾液腺染色体，寻找形态良好、分散适中的图像，仔细观察染色体各条臂的特点。

实验十一　人类 X 染色质的观察

一、实验目的

通过实验初步掌握观察与鉴别 X 染色质的简易方法，识别其形态特征及所在部位。

二、实验原理

1949 年 Barr 和 Bertram 发现在雌猫的神经细胞核内有一个凝缩的深染小体，直径约 1.5 μm，雄猫神经细胞核中则没有这种结构。进一步研究发现，除猫以外，其他雌性哺乳动物及正常女性间期细胞核中均存在这种结构，当时称之为 Barr 小体。后来了解，在雌体细胞中的两条 X-染色体在间期时有一条(或这条的大部分)处于凝集而不活动状态，从而形成了这种 X-染色质(或称性染色质、Barr 小体或 X-小体)。

人类正常的男女体细胞中，分别有 XY 和 XX 性染色体，正常男性体细胞中只有 1 条 X 染色体，不失活，故见不到 X 染色质；女性的两条 X 染色体中，在间期时有一条不表现活性而保持浓缩状态，因此易于用适当的染料加以显示，成为便于观察的性染色质体。

三、实验材料

正常女性口腔颊部黏膜、毛发根部细胞。

四、实验器具

显微镜、洁净的载玻片和盖玻片、刮片、吸水纸。

五、实验药品和试剂

95％酒精、50％醋酸、2％乳酸醋酸地衣红。

六、实验步骤

1. 口腔颊部黏膜细胞的观察

用清洁灭菌的载玻片或适当的刮片，从女性口腔两侧颊部刮取上皮黏膜细胞，在原位刮取 2～3 次，分别涂抹在干净载玻片上，每次可涂 1～3 片，涂抹范围为 1～2 张盖玻片大小。等稍干后，滴加 1～2 滴 2%乳酸醋酸地衣红，在室温下染色 20～30 min，勿使干燥，然后加盖玻片，并覆以吸水纸，用手指轻度加压后进行镜检。涂片后如不立即检查，应在稍干时立即放入 95%酒精中固定 30 min 以上（也可固定 1～2 d），取出，晾干后编号，放置冰箱内保存。

2. 毛发根部细胞的观察

拔取一根带有毛根的头发，自基部截取 2 cm 左右置载玻片上，在毛根部加一滴 2%乳酸醋酸地衣红染液，片刻后再加一滴 50%醋酸（或只加 50%醋酸），低倍镜下观察，待毛根鞘软化后拔去毛干，重新加一滴染液，覆以盖玻片，在酒精灯上轻微加热后，静置 5 min，隔一片吸水纸用手指轻度加压后镜检。

3. X-染色质的辨认

低倍镜下检出典型的可数细胞，其标准是：①核质呈网状或细颗粒状分布；②核膜清晰，核无缺损；③染色适度；④周围无杂质。选定后的细胞，在高倍镜或油镜下进一步观察。

X-染色质的形态表现为一结构致密的浓染小体，轮廓清楚，大小约 1 μm，常附着于核膜边缘或靠近内侧，其形状有微凸形、三角形、卵形、短棒形及双球形等。正常女性口腔黏膜细胞中 30%～50%有一个 Barr 小体，在不同实验室中计数的差别较大，在男性中偶尔可见不典型者。

七、作业

（1）观察 50 个女性可数细胞，同时观察 50 个男性可数细胞为对照，分别计算显示 X-染色质细胞所占的百分比。

（2）观察中选绘 4～5 个典型细胞，示明 X-染色质的形态部位。

实验十二　动物骨髓细胞有丝分裂染色体标本制备

一、实验目的

掌握动物骨髓细胞染色体标本制备的方法。

二、实验原理

骨髓细胞具有高度分裂增殖能力，取材方便，不需灭菌培养便可制备染色体标本。直接从骨髓中取出细胞，经压片法或空气干燥法制片。为了提高有丝分裂的指数，在动物实验时，可在取材前经腹腔注射有丝分裂的抑制剂，一般常用秋水仙素，将细胞经过秋水仙素处理—低渗—充分的固定—滴片等步骤后，在载玻片上得到染色体制片。这些方法对于动物的核型分析是非常有用的。

本实验以小鼠为实验对象，通过骨髓细胞有丝分裂染色体标本制备，掌握动物细胞有丝分裂的基本过程及分裂各期染色体的主要形态特征。

三、实验材料

健康成熟小白鼠。

四、实验器具

显微镜、载玻片（冰水冷冻）、离心管、离心机、托盘天平、试管架、5 mL 注射器、6 号针头、恒温水浴箱、乳头吸管、量筒、小烧杯、解剖板、解剖剪、镊子、解剖针、小块纱布、记号笔。

五、实验药品和试剂

秋水仙素溶液、2%柠檬酸钠溶液、KCl、冰醋酸、甲醇、Giemsa 原液、磷酸缓冲液（PBS）。

六、实验步骤

1. 秋水仙素处理

用 65～90 日龄的健康小鼠，取骨髓前 3～4 h，向小鼠腹腔注入秋水仙素

(10 μg/mL)0.3～0.4 mL。

2. 取骨髓

取经秋水仙素处理的小鼠，损伤脊髓法处死，立即用清洁的剪刀剪掉大腿上的皮肤和肌肉，暴露出股骨及其两端相连的关节和膝关节。再进一步清除股骨上残余的肌肉，然后从股骨两端关节头处剪下股骨。立即用 2%柠檬酸钠溶液冲洗干净。剪掉股骨两端膨大的关节头。使其露出骨髓腔，用吸有适量柠檬酸钠的注射器，从股骨的一端插入注射器针头，将骨髓吹入 10 mL 刻度离心管中，可反复吹洗数次，直至股骨变白为止，此时离心管中的细胞悬浮液可达 4～5 mL。

3. 低渗处理

将所获得的细胞悬浮液经 1 000 r/min 离心 10 min，吸去上清液，加 0.075 mol/L KCl 6～8 mL，立即将细胞团吹散打匀，在 37℃水浴下静置 30 min，中间用吸管吹打 1 次。

4. 固定

沿管壁加 6～8 mL 新配制的 3∶1 甲醇冰醋酸固定液，马上吹散细胞团，使其在固定液中悬浮均匀。静止固定 30 min，即第一次固定，如上述条件离心，去上清液，再次加入 3∶1 甲醇冰醋酸固定液 6～8 mL，进行第二次固定。30 min 后离心弃去上清液，再用 1∶1 甲醇冰醋酸固定液进行第三次固定。20 min 后离心弃去上清液，仅留 0.1～0.2 mL 的细胞团和上清液，再加 1∶1 甲醇冰醋酸固定液 2～3 滴(视细胞多少适当加减滴数，大约 5 倍于细胞的体积)，摇匀制成细胞悬液。

5. 滴片

取事先在冰水中预冷的载玻片，滴 1～2 滴细胞悬液于粘有冰水的载玻片上，立即用吸管轻轻吹气，使细胞迅速分散，将制片平放或 45°角斜放，待其自然干燥或在酒精灯上用文火烘干。

6. 染色

取 2 张制片反扣在染色盘上，用 Gimesa 染液(磷酸缓冲液∶Giemsa 原液＝20∶1)进行扣染，将约 3 mL 染液用吸管缓缓加入制片下，不要形成气泡。扣染 30 min 后，用蒸馏水冲洗，晾干后即可进行观察。

7. 观察

(1)在低倍镜下观察 Giemsa 染色之后的中期分裂相的形态。

(2)在中倍镜下选择分散适度，不重叠的染色体的分裂相，在油镜下(100×)进行观察。

(3)观察小鼠染色体的端着丝点染色体的特征,识别着丝点、染色单体、染色体。计算 $2n$ 的染色体数目。寻找两性之间在核型上的差别。正常情况下,小白鼠染色体共 20 对,均为近端着丝点染色体,其中 1～19 号为常染色体,1 对性染色体,X 染色体大小介于 2 号和 3 号之间,Y 染色体和 19 号染色体都是最小染色体,但 Y 染色体没有次缢痕,可与 19 号染色体相区别。一般镜下根据最小染色体数雌性 2 条(1 对 19 号),雄性 3 条(1 对 19 号和 1 条 Y 染色体)来区分性别。

七、作业

绘制小白鼠骨髓细胞中期分裂相图,注明染色体数、形态特征和性别。

实验十三　动物生殖细胞减数分裂观察与染色体标本制备

一、实验目的

(1)熟悉动物生殖细胞减数分裂过程及各个时期特点。

(2)掌握小鼠睾丸减数分裂标本的制备过程。

二、实验原理

睾丸是雄性动物生殖细胞发育和成熟的部位,是产生精子的器官。睾丸内的曲细精管从外到内依次分布有精原细胞、初级精母细胞、次级精母细胞、精子细胞以及形态渐变中的精子。取睾丸将曲细精管内的细胞冲出后固定,然后制片染色,可以观察到动物生殖细胞减数分裂染色体的不同时相。如果提前给动物腹腔注射秋水仙素溶液可抑制生殖细胞的正常分裂,增加了中期分裂相细胞的数目,此方法可用来进行减数分裂过程中染色体的计数与观察。

本实验以小鼠为实验对象,通过小鼠生殖细胞减数分裂观察与染色体标本制备,了解动物生殖细胞减数分裂过程及各个时期特点。

三、实验材料

6～8 周龄,体重为 20～30 g 的雄性小鼠。

四、实验器具

离心机、酒精灯、普通光学显微镜、恒温培养箱、解剖剪、镊子、表面皿、注射器、玻璃板、载玻片、玻璃棒、滴管、牙签、纱布、离心管。

五、实验药品和试剂

0.85％氯化钠溶液、秋水仙素溶液、2％柠檬酸钠溶液、0.4％ KCl 溶液、甲醇、冰乙酸、Giemsa 工作液。

六、实验步骤

(1)前处理。如果要制作染色体标本,需要在杀死小鼠之前 4 h,按照每克体重 4 μg 秋水仙素的量由腹腔注射秋水仙素溶液;如果要观察减数分裂全过程,可忽略此步骤。

(2)取睾丸。颈椎脱臼法处死小鼠,剪开腹腔,取两侧睾丸放在盛有 1~2 mL 2%柠檬酸钠溶液的表面皿上。用镊子小心剥掉睾丸外被膜,去除脂肪及结缔组织。

(3)低渗。转移睾丸到离心管中,加入 0.4% KCl 溶液 4 mL,37℃下低渗 20 min,去掉溶液。

(4)固定。加卡诺固定液(甲醇∶冰乙酸=3∶1)2 mL,用玻璃棒圆头碾压睾丸,捣出曲细精管。然后用滴管反复吹打至溶液浑浊,稍静置待大块组织沉淀后转移上清液 1.5 mL 到新的离心管(收集管)中。

(5)旧管中重新加卡诺固定液 1.5 mL,用滴管吹打,稍微静置待大块组织沉淀后转移上清液到收集管中。

(6)重复步骤 5 的操作,静置数分钟,保证整个固定时间为 20~30 min。平衡收集管后,1 000 r/min 离心 8 min。

(7)弃上清液,沉淀物中加卡诺固定液 0.5 mL,用滴管吹打成细胞悬液。

(8)滴片。在预冷的载玻片上滴加 2 滴细胞悬液,立刻置于酒精灯上微微加热干燥。

(9)染色。将玻片标本面朝下置于玻璃板上,玻片的一头用牙签或火柴棒垫高,将 Giemsa 工作液沿玻片与玻板间的缝隙缓慢加入到玻片下方,染色 15 min。

(10)镜检。流水冲洗后,用小块纱布擦去玻片标本底面和四周的多余水分。低倍镜下找到分裂相的细胞,转用高倍镜进行观察与分析。

七、作业

(1)思考实验流程及实验中要注意的问题。

(2)绘制小鼠生殖细胞减数分裂过程的简图。

实验十四　动物外周血淋巴细胞培养及染色体标本制备

一、实验目的

(1)掌握动物微量血液体外培养的原理和技术。

(2)掌握利用培养细胞制备染色体标本的方法。

二、实验原理

动物外周血液中的小淋巴细胞,几乎都处在 G_1期(或 G_0期),一般情况下不再分裂,在培养基液中加入植物血球凝集素(phytohemagglutinin,PHA)时,这种小淋巴细胞受到刺激,转化为淋巴母细胞,随后进入有丝分裂,这样经过短期培养、秋水仙素的处理、低渗和固定,就可以获得大量的有丝分裂细胞。

本实验以家兔为实验对象,通过外周血淋巴细胞培养,制备出家兔染色体标本。

三、实验材料

正常的家兔($2n=44$)。

四、实验器具

灭菌注射器、离心管、吸管、试管架、量筒、培养瓶、试剂瓶、酒精灯、烧杯、载玻片、切片盒、天平、离心机、恒温培养箱、显微镜。

五、实验药品和试剂

RPMI“1640”培养基、肝素、秋水仙素、植物血球凝集素(PHA)、双抗(青霉素、链霉素)、甲醇、冰醋酸、Giemsa 原液、磷酸缓冲液 (PBS)。

六、实验步骤

1. 综合培养基的配制

用量筒取“RPMI1640”培养液 40 mL,小牛血清(杭州四季清)10 mL,加入植物血球凝集素(PHA)2.4 mg,分别滴加双抗1 000 IU、肝素60 IU,轻轻摇匀,用移液管分装,每瓶5 mL。4℃冰箱保存,最好现配现用。

注:配制综合培养基前,所需器皿、药品等均需在无菌罩内紫外灯消毒20~30 min,工作人员在配置前,用肥皂清洗手臂,自来水冲洗,再用70%酒精涂擦手臂,晾干,然后手伸进超净工作台内工作。

2.采血

兔耳缘静脉采血,先用酒精棉球擦,然后用二甲苯擦(使血管膨胀),再用经肝素润湿的注射器采血。

3.细胞培养

每5 mL培养基中加兔血0.3~0.4 mL,接种时要注意无菌操作。接种后兔子的在39℃的恒温箱中培养72 h。

4.秋水仙素处理

在终止培养前4~6 h,开始滴加秋水仙素,使得最终浓度为0.24 μg/ mL,摇匀,放回恒温培养箱内继续培养。

5.标本片制作与观察

(1)由恒温培养箱取出培养瓶,用吸管将瓶壁上的细胞轻轻冲散均匀,并用吸管移至离心管内。

(2)以1 200 r/min离心10 min。

(3)用吸管小心吸去上清液。

(4)加入7 mL预热(39℃)的0.075 mol/L KCl低渗液于37℃水浴中低渗处理15 min。

(5)预固定。加1 mL新配置的固定液(甲醇∶冰醋酸=3∶1),打匀细胞,立即以1 200 r/min离心10 min,用吸管除净全部上清液及沉淀上层较透明部分(红细胞碎片)。

(6)加入固定液7 mL左右,用吸管轻轻打匀细胞团块,固定30 min。

(7)1 200 r/min离心10 min,弃去上清液。

(8)重复6~7步。

(9)视离心管底部细胞多少加入少量新配制的固定液,将细胞团块轻轻打散成悬浮液,从冰水中取出载玻片,每片滴打悬液1~3滴,用嘴轻轻吹散,用电吹风吹干或在酒精灯火焰上微微烘干,或自然晾干。

(10)用磷酸缓冲液稀释Giemsa(20∶1)原液染色10~15 min,然后用自来水冲洗,晾干。

(11)镜检:先用低倍镜寻找良好的分裂相,再用高倍油镜观察。

(12)封片:用中性树胶封片,选择染色体清晰、分散度好的分裂相进行显微摄影(图 14-1),进行核型分析。

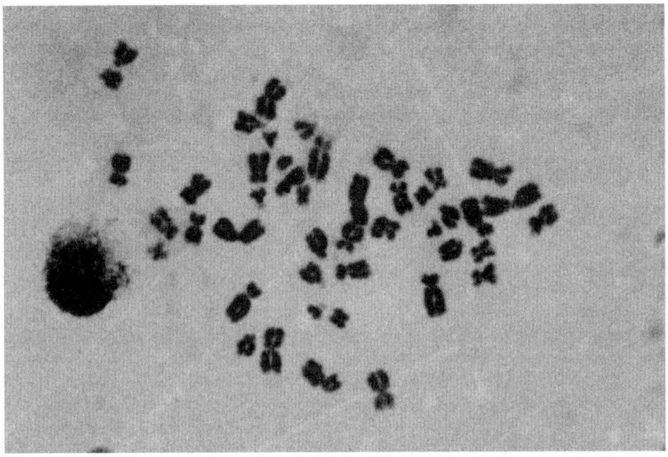

图 14-1　家兔外周血淋巴细胞染色体中期分裂相

七、作业

(1)实验的注意事项有哪些?

(2)在低倍和中倍镜下,寻找分散适宜、染色体不重叠、浓缩程度适中、形态清晰的分裂相,并在油镜下观察染色体的数目和形态。在实验报告纸上画出选择一个有代表性的分裂相。

实验十五 动物染色体G带显带技术

一、实验目的

(1)掌握动物细胞染色体G显带制备方法。

(2)掌握G显带带型分析方法。

二、实验原理

G带染色技术也称改良的吉姆萨染色法。因用吉姆萨染色,所以称为G带。是目前应用最广泛的染色体分带技术之一。

关于G带的显带机制,有许多说法。目前比较倾向于多因素决定论,即带型的形成主要取决于DNA、核酸结合蛋白及染料三者的相互作用,主要是指DNA的碱基组成以其与结合蛋白形成的特定结构对染料分子的作用。DNA分子的螺旋及折叠非组蛋白蛋白质的分布在染色体上呈区域性差异,这些差异导致二硫键与硫氢键分布不同,深染区由许多二硫键交联,因为它易与染料结合;而浅染区则缺乏二硫键,多硫氢键,不易与染料结合而呈浅色。

三、实验器具

恒温水浴箱、立式染色缸、镊子、温度计。

四、实验药品和试剂

胰蛋白酶、NaCl、Tris、酚红、Giemsa原液、磷酸缓冲液(PBS)。

五、实验步骤

(1)G带在制作过程中基本上与常规染色体标片制作相同(见实验十四),只是在终止培养时,加入秋水仙素时间不同,G带是在终止培养前1.5~2 h后加入秋水仙素,制作标本片方法与常规染色体标本片制作相同。

(2)G带标本片制作后放入恒温鼓风干燥箱内78℃烤片2 h。

(3)取0.85%NaCl溶液60 mL加入染色缸中,再加2.5%胰蛋白酶原液1 mL,加2滴0.4%酚红指示剂。用3%Tris调pH至6.4,使消化液显淡红色即可，置 37℃恒温水浴箱内待用。

(4)待胰蛋白酶消化温度上升至 37℃时，取烤片标本浸没于消化液中，且不断轻轻摇动，消化处理 80～85 s(使用次数越多，消化时间要适当延长)，

(5)取出标本片，竖立于吸水纸上吸取多余的消化液后，立即用 Giemsa 染色液(磷酸缓冲液∶Giemsa 原液＝20∶1)染色 8～10 min，用自来水冲洗。

(6)蒸馏水冲洗后，空气干燥，选择染色体分散均匀、带型清晰的细胞进行观察(图 15-1)。

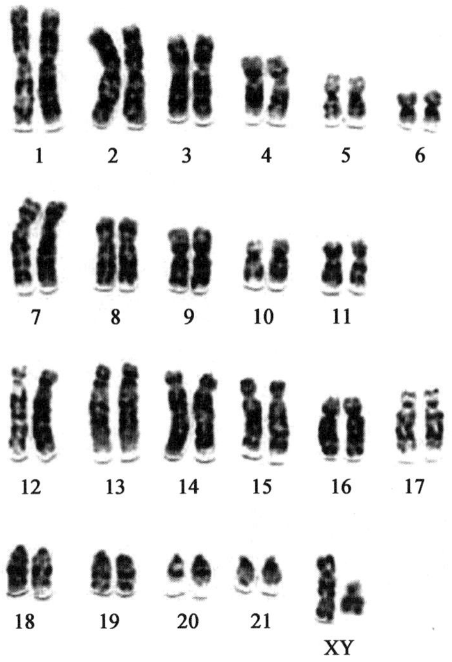

图 15-1　家兔 G 带核型图(Hayes H. 等，2002)

六、作业

仔细观察家兔的 G 带分布，并绘制出 G 带示意图。

实验十六　动物核仁组织者区的银染技术

一、实验目的

(1)了解核仁组织区银染的原理。

(2)掌握核仁组织区的快速银染显示法。

二、实验原理

Goodpasture 等应用 Ag-As 的银染色技术,使哺乳动物的核仁组织区者(nucleolus organizing region,NOR)特异性染为黑色。这种银染色阳性的 NOR 称为 Ag-NOR,即 18S+28S 核糖体基因的分布区,Hsu 等用原位分子杂交得到的结果证明了这一点。不少作者研究证明:银染色的不是核糖体基因本身,而是与 rDNA 转录有关的一种酸性蛋白。因此,银染的是有转录活性的 NOR。一般 NOR 位于次缢痕的位置。

三、实验器具

水浴锅、试剂瓶、镊子、滤纸、擦镜纸等。

四、试验药品和试剂

硝酸银溶液、明胶显影液、Giemsa 原液。

五、实验步骤

(1)按常规方法制备染色体标本片(见实验十四)。

(2)在培养皿底部放一用蒸馏水润湿的滤纸,上放 2 根玻棒(或火柴棒),置水浴锅保温至 56～60℃(一般采用 60℃)(此过程可不放在水浴内,直接将常规染色体标本片放在 56～60℃的电热板上亦可)。

(3)玻片标本细胞面朝上平放其上,加 4 滴 50% $AgNO_3$ 溶液和两滴明胶显影液,复以盖片(或擦镜纸)直到玻片标本呈金褐色为止,一般为 3 min。

(4)移除盖片,并用蒸馏水快速漂洗,晾干。

(5)用 Giemsa 染色液(磷酸缓冲液：Giemsa 原液＝20：1)染色 8～10 min,

用自来水冲洗。

(6)蒸馏水冲洗后，空气干燥，镜检(图 16-1)。

六、作业

仔细观察 Ag-NOR 分布，并计数 50 个细胞分裂相 Ag-NOR 数目。

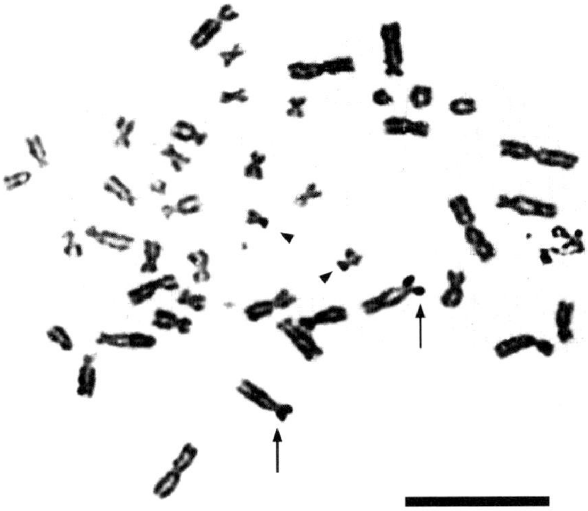

图 16-1　家兔染色体 Ag-NOR("↑"示 Ag-NOR)

(monteagudoa L. V. 等，1991)

实验十七　姐妹染色单体分染技术

一、实验目的

(1)了解姐妹染色单体交换的原理。

(2)掌握姐妹染色单体分染技术以及 SCE 技术方法。

二、实验原理

淋巴细胞在含有 5-溴脱氧尿嘧啶核苷(5-Bromodeoxy-Uridine,简称 BrdU)的培养基中进行 DNA 复制,BrdU 可作为核苷酸前体物,专一替代胸腺嘧啶掺入到新合成的 DNA 链中。只要通过两个细胞周期,就可以使两条姐妹染色单体中的一条单体的 DNA 双链中,有一股掺入有 BrdU。这样的细胞在经过处理后,用 Giemsa 染色,在普通光学显微镜下,即可见到同一条染色体的两条姐妹染色单体有明显的差异。前者为深色的区段,后者对应部位则为浅色,通过计数即可检测姐妹染色单体的互换频率。一般每个细胞交换频率为 3～5 个,其他则为异常。

三、实验器具

30 W 紫外灯、恒温水浴箱、培养皿、擦镜纸、其他同外周血培养淋巴细胞培养及染色体制备。

四、实验药品和试剂

BrdU 溶液(200 μg/mL)、2×SSC 液、Giemsa 原液、磷酸缓冲液(PBS,pH 7.4)。

五、实验步骤

(1)染色体标本制备基本按常规方法进行(见实验十四),只是在细胞培养 24 h 后加入 5-溴尿脱氧嘧啶核苷,每 5 mL 培养基加入量为 0.15～0.2 mL,然后用黑纸包裹培养瓶避光放入恒温培养箱内培养,收集细胞,滴片方法与常规方法相同。

(2)滴片后处理:75～80℃烘烤 2 h。

(3)取表面皿,里面放一些平行火柴棒或玻棒,将片子置于棒上,然后向表面皿内加入适量的 2 × SSC 溶液，溶液以不超过标本片表面为宜。在标本片上盖一张比标本片大的擦镜纸，使纸边浸于 2×SSC 溶液中，并使 2×SSC 溶液渗到标本片上，保持标本片湿润。将表面皿置于 55℃水浴箱支架上，平皿底部要接触到水面。用 30 W 紫外灯垂直照射标本片（紫外灯距标本片 5～6 cm）30 min，照射后用蒸馏水冲洗标本。

(4)用 Giemsa 染液(磷酸缓冲液：Giemsa 原液＝20：1)染色 6～8 min，水洗，晾干，镜检。

(5)SCE 频率的计算。选取两条姐妹染色单体染成一深一浅的中期相，凡发生有姐妹染色单体互换的染色体，可见在深染的染色单体上出现浅染的片段，浅染的染色单体上出现深染的片段。对在染色单体端出现的互换计为一次（1 个 SCE)，在单体中间出现的互换计为两次（2 个 SCE)，发生在着丝粒部位的，经判明不是两条染色单体发生扭转，计为一次(1 个 SCE)，但另列入“着丝粒区互换”(CEM)一项(图 17-1)。

在计数 30 个以上中期相的 SCE 后，计算每个细胞的 SCE 平均值（SCE 数/细胞数），即为细胞的 SCE 率。

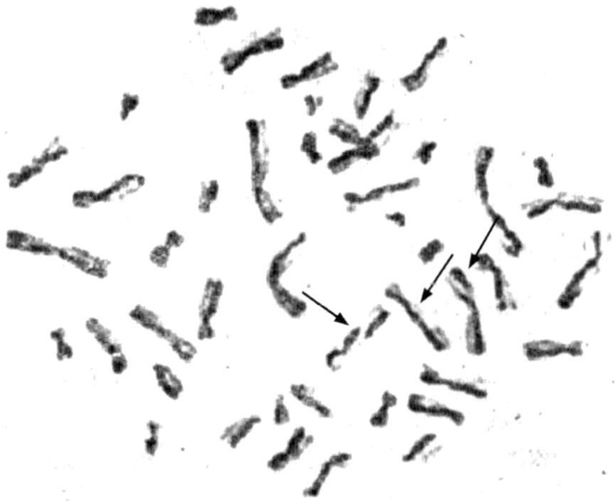

图 17-1　姐妹染色体交换(“↑”示交换)

六、作业

通过本实验，在良好分裂相上计数 30 个以上中期相的 SCE 后，计算每个细胞的 SCE 平均值。

实验十八　人类染色体核型分析

一、实验目的

(1)掌握染色体核型分析的方法。

(2)了解人类染色体的基本形态特点。

二、实验原理

按照“人类遗传学命名的国际体制”标准，根据染色体的长度、着丝点位置、臂比和随体有无等形态特征，将人类的染色体依其相对长度递减的次序和着丝粒的位置划分为7个易于区分的染色体组。

各组、号染色体的形态的基本特征简述如下：

1. A组(第1～3号染色体)

这是最大的一组染色体，它们的着丝粒在中部或几乎在中部。

第1号染色体是核型中最大的中着丝粒染色体，着丝粒几乎处于正中部，其相对长度为8.44%～9.11%，着丝粒指数为48.0%～49.4%。

第2号染色体其相对长度为8.01%～8.61%，着丝粒指数为38.1%～39.4%，在A组中，第2号染色体的着丝粒位置明显偏离中部。

第3号染色体在A组中最小，着丝粒位置在中部，相对长度为6.83%～7.06%，着丝粒指数为5.9%～47.6%。

2. B组(第4～5号染色体)

这一组为大的亚中着丝粒染色体，它们有明显的长臂与短臂，只根据形态学特征是无法使这两对染色体明显相区分的。它们的相对长度为6.08%～6.55%，着丝粒指数为26.8%～29.25%，C组中没有一条染色体有这样低的着丝粒指数，因此一般不会跟C组染色体相混淆。

3. C组(第6～12号染色体、X染色体)

这一组为中等大小的亚中着丝粒染色体，染色体相对长度和着丝粒指数对于鉴别的意义不大，第9号染色体长臂上有一个比较明显的次缢痕，第11号染色体长臂上偶尔也有一个次缢痕，第12号染色体为C组中最短的一对染色体，它与该组的其他7对染色体很难区别。一般来讲，第6、7、9和第11号染色体的着丝粒更接近于中部。

没有可靠的标准使X染色体与C组的其他染色体截然分开。X染色体的大小介于第7和第8号染色体之间。在女性细胞中，X染色体的识别比在男性细胞要容易些，因为在女性细胞当两个X染色体配对的时候，其中一个X染色体常呈现一种特殊的“细毛状”外形。

4. D组（第13～15号染色体）

这一组为中等大小的端着丝粒染色体，它们的一个重要形态学特征是随体，虽然它们不是总可以见到。随体是一对着色很深的小球，处于短臂的末端。这一组染色体的着丝粒指数仅为14.8%～18.74%，是人类核型中着丝粒指数最低的一组染色体。

5. E组（第16～18号染色体）

这一组为相对较短的中着丝粒（第16号）或亚中着丝粒（第17和第18号）染色体。第16号染色体的长度约为第1号染色体的1/3，在接近着丝粒处常有一长臂次缢痕。第17号染色体为中等大小的亚中着丝粒染色体，它的着丝粒指数为31.40%～33.86%，短臂看得很清楚。第18号染色体为该组中最短的一对染色体，它比另两对染色体短5%～10%，短臂很小。

6. F组（第19～20号染色体）

这一组为短的中着丝粒染色体，形似“小梅花”，它们作为一个组是易区别的，但彼此无法相辨别。

7. G组（第21～22号染色体、Y染色体）

这一组为小的端着丝粒染色体，第21和22号染色体的短臂上可有随体，两对染色体在长度上略有差别，较大的一对染色体为第22号染色体，Y染色体的形态和大小跟该组染色体相似。

Y染色体识别有以下几个特征：

(1)呈现异固缩状态，通常比同一个细胞中的其他染色体着色更深一些。

(2)它的两条染色单体一般不作交叉状，而要比其他染色体（尤其是第21和第22染色体）的两条单体更为靠拢，几乎是相平行的。

(3)一般来说，它比第21和22染色体要长一些。

(4)没有随体。

(5)长臂的端部模糊不清，呈“细毛状”（最有识别价值）。

图 18-1 为人类染色体中期分裂相。

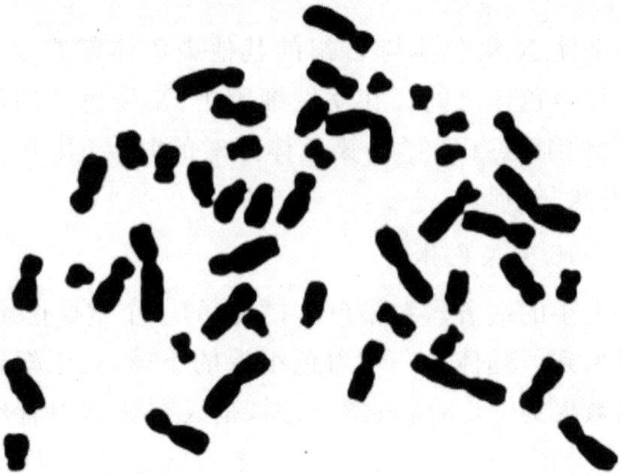

图 18-1 人类染色体中期分裂相

图 18-2 为人类染色体核型图。

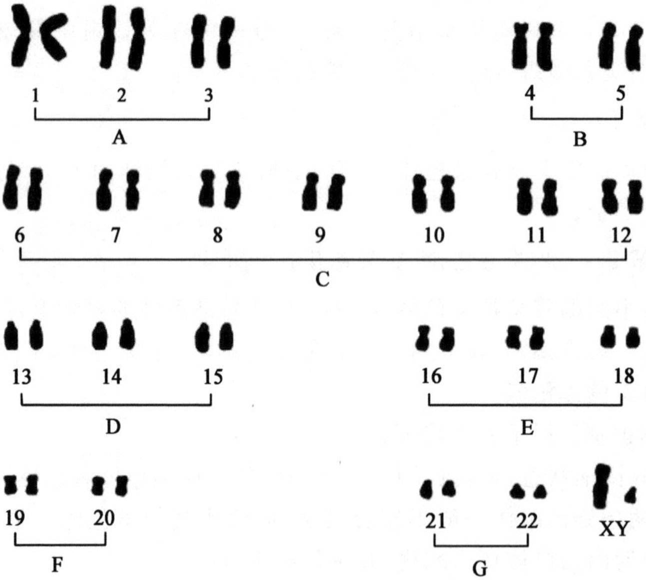

图 18-2 人类染色体核型图

三、实验器具

剪刀、镊子、胶水、染色体照片、纸、直尺等。

四、实验步骤

(1)画出基准线,确定每组染色体的大体位置。

(2)剪贴和配对。根据人类染色体分组原则,将放大照片上的各条染色体剪下,根据目测和染色体长度、着丝粒位置、次缢痕的有无和位置及形态大小等特征,进行同源染色体配对。

(3)排列和粘贴。将配对好的染色体按照由大到小的顺序依次排列起来。排列时把各对染色体的着丝粒排在一条直线上,并且使短臂在上,长臂在下。等长的染色体,把短臂较长的染色体排在前面。随体染色体排在最后,性染色体和额外染色体单独排列。已排好的同源染色体按染色体编号先后顺序粘贴在绘图纸上。

五、作业

完成人类染色体核型图,并判定其性别。

实验十九　遗传力的估算

一、实验目的

掌握与数量性状遗传力有关的基本概念和基本的计算方法。由于遗传力的估计方法很多，本实验仅以全同胞资料方差分析为例演示遗传力估计的基本过程。

在数量遗传学中，从不同角度提出了3种意义的遗传力概念，即广义遗传力、狭义遗传力和现实遗传力。通常所说的遗传力是狭义遗传力，它是指数量性状育种值方差(V_A)占表型方差(V_A+V_R)的比例，用h^2表示。通过对数量性状表型值的剖分，可以得到：

$$h^2=\frac{V_A}{V_P}=\frac{V_A}{V_A+V_R}$$

二、实验原理

遗传力是反映数量性状遗传规律的一个定量指标，因此要想由表型变异来估计性状遗传力，必然需要利用在遗传上关系明确的两类个体同一性状的资料。借助于这一确定的遗传关系和它们的表型相关就可以估计出该性状的遗传力，这是所有遗传力估计方法的一个基本出发点。图19-1可明确地表示这一基本原理，其中P_1、P_2、A_1、A_2、R_1、R_2分别表示两类个体的表型值、育种值、剩余值。

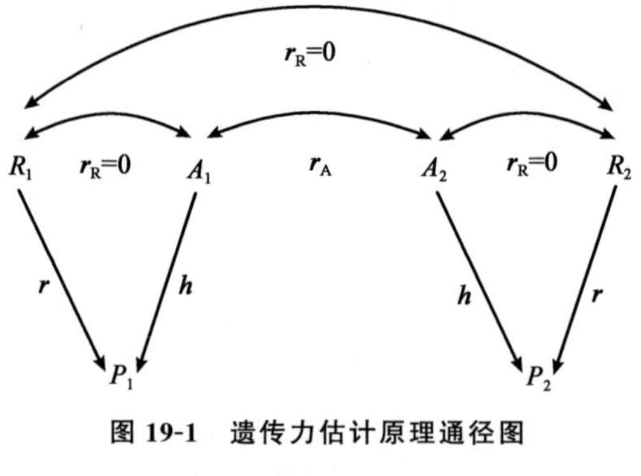

图19-1　遗传力估计原理通径图

依据通径分析原理之一，即两个变量间的相关系数等于连接它们的所有通径链系数之和，而各通径链系数等于该通径链上的全部通径系数和相关系数之乘积。因此，假定不存在共同环境效应，即 $r_R=0$，那么 P_1 和 P_2 间的相关系数 r_P 等于 $r_A h^2$，由此可得到遗传力为：

$$h^2=\frac{r_P}{r_A}$$

式中，r_A 是两类个体育种值间的相关系数，即亲缘系数，在随机交配的大群体中，忽略显性效应和各高阶加性互作，以及上位效应和连锁，可以认为亲子间、全同胞间和半同胞间的亲缘系数分别为 0.5、0.5 和 0.25。r_P 是两类个体表型值间的相关系数，在不同情况下可以通过相应的统计分析得到。因此，遗传力的估计实际上可以转化为这两个相关系数的计算，而且关键是表型相关系数的计算。

在动物育种中，同胞资料比较易于得到，而且数量较大，因而广泛用于遗传参数估计。以全同胞组内相关法为例，在近似条件下，全同胞个体间的亲缘系数为 $r_{(FS)}=0.5$，将它代入上式可以得到：

$$h^2=\frac{r_{FS}}{r_{(FS)}}=2r_{FS}$$

这里，r_{FS} 表示全同胞个体间的表型相关，因全同胞个体也很多，它实际上也是一个组内相关系数，一般通过二因素系统分组资料方差分析估计出各方差组分来计算。假设在大群中随机选择 S 头公畜，第 1 头公畜随机与 d_i 头母畜交配，每头母畜有 n_{ij} 个全同胞子女，其中第 k 个子女的表型值为 X_{ijk}，利用二因素系统分组资料方差分析方法得到方差分析结果如表 19-1 所示：

这里，k_1、k_2、和 k_3 是相应的有效重复数，计算公式如下：

$$k_1=\frac{1}{\mathrm{d}f_D}\left(\sum\sum k_{ij}-\sum\frac{\sum k_{ij}^2}{\sum k_{ij}}\right)$$

$$k_2=\frac{1}{\mathrm{d}f_S}\left(\sum\frac{\sum k_{ij}^2}{\sum k_{ij}}-\frac{\sum\sum k_{ij}^2}{\sum\sum k_{ij}}\right)$$

$$k_3=\frac{1}{\mathrm{d}f_S}\left(\sum\sum k_{ij}-\frac{\sum\left(\sum k_{ij}\right)^2}{\sum\sum k_{ij}}\right)$$

表 19-1　二因素系统分组资料方差分析结果

变异来源	自由度	平方和	均方	期望均方
公畜间	$df_S = S - 1$	$SS_S = \sum \frac{\left(\sum\sum X_{ijk}\right)^2}{\sum k_{ij}} - \frac{\left(\sum\sum\sum\sum X_{ijk}\right)^2}{\sum\sum k_{ij}}$	$MS_S = \frac{SS_S}{df_S}$	$\sigma_W^2 + k_2\sigma_D^2 + k_3\sigma_S^2$
公畜内母畜间	$df_D = \sum d_i - S$	$SS_D = \sum\sum \frac{\left(\sum X_{ijk}\right)^2}{k_{ij}} - \sum \frac{\left(\sum\sum X_{ijk}\right)^2}{\sum k_{ij}}$	$MS_D = \frac{SS_D}{df_D}$	$\sigma_W^2 + k_1\sigma_D^2$
公母畜内子女间	$df_W = \sum\sum k_{ij} - \sum d_i$	$SS_W = \sum\sum\sum X_{ijk}^2 - \sum\sum \frac{\left(\sum X_{ijk}\right)^2}{k_{ij}}$	$MS_W = \frac{SS_W}{df_W}$	σ_W^2

因此可得到公畜半同胞组分、母畜半同胞组分和全同胞组分的遗传力估计值分别为：

$$\begin{cases}\hat{h}_S^2=\dfrac{4\sigma_S^2}{\sigma_S^2+\sigma_D^2+\sigma_W^2}\\ \hat{h}_D^2=\dfrac{4\sigma_D^2}{\sigma_S^2+\sigma_D^2+\sigma_W^2}\\ \hat{h}_{SD}^2=\dfrac{2(\sigma_S^2+\sigma_D^2)}{\sigma_S^2+\sigma_D^2+\sigma_W^2}\end{cases}$$

从理论上讲，这 3 个遗传力估计值应该相等。然而，在实际估计时，偏差总是存在的，在满足全同胞资料估计遗传力的条件下，一般应以 h_{SD}^2 为准，因为它是公畜组分估计和母畜组分估计的平均值。

三、实验方法及设备

本实验将以 SPSS 统计软件为平台，以全同胞资料演示各方差分析和遗传力估算的计算方法。

四、实验步骤

有一仔猪肥育期平均日增重资料如表 19-2 所示。

表 19-2　仔猪肥育期平均日增重记录　　g

公猪	母猪	全同胞子女日增重	n_{ij}
S_1	D_{11}	403 392 382 395	4
	D_{12}	404 395	2
	D_{13}	397 406 425 418 394	5
S_2	D_{21}	395 412 407	3
	D_{22}	384 395	2
	D_{23}	410 382 394 390	4
	D_{24}	405 396 387	3
	D_{25}	382 395 406 392 403	5
S_3	D_{31}	405 415 396 418 407	5
	D_{32}	423 397 409 411	4
	D_{33}	405 418 392	3
	D_{34}	385 402 394	3
总和	12		43

SPSS 软件操作步骤：

(1)输入原始数据，共 3 个变量，分别为：公猪、母猪、子女日增重(注：每一公猪与不同的母猪交配)如图 19-2 所示。

图 19-2　全同胞组内相关法遗传力估算数据输入格式

(2)Analyze→General Linear Model→Variance Components→对话框(图 19-3)。

(3)在图 19-3 中"日增重"选入 Dependent"公猪"、"母猪"选入 Randon Factor(s)区，Model 对话框中的选择同前。

(4)在 options 对话框中选中 ANOVA，Sums of squares，Expected mean Squares，continue。

(5)按 OK 即进入 output 窗口显示结果(表 19-3)。

表 19-3　方差组分估计

方差组分	估计值
Var(公猪)	11.560
Var(母猪)	13.529
Var(Error)	104.978

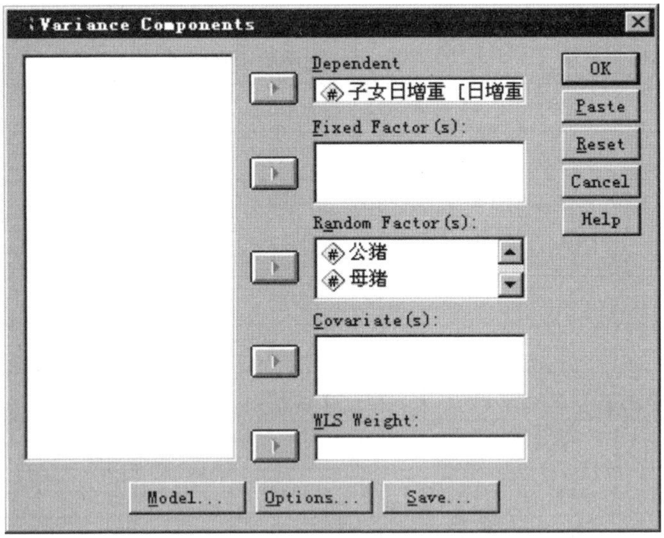

图 19-3　Variance Components 对话框

因此，

$$h_S^2=2r_{(FS)}=\frac{2\sigma_S^2}{\sigma_S^2+\sigma_D^2+\sigma_W^2}$$

$$\sigma_D^2=11.560 \qquad \sigma_S^2=13.529 \qquad \sigma_W^2=104.978$$

$$=\frac{2\times 13.529}{13.529+11.560+104.978}=0.208$$

五、作业

随机测定某猪场纯种瘦肉型猪 4 头种公猪的后代的活体测膘的背膘厚，记录数据列于表 19-4，计算遗传力。

表 19-4　种公猪的后代的活体测膘的背膘厚记录表　　mm

公猪	母猪	全同胞子女背膘厚							
S_1	D_{11}	15	13	16	15	14	18	17	
	D_{12}	14	17	10	11	12	13	11	17
	D_{13}	17	18	10	12	12	13	11	
	D_{14}	15	16	14	18	15	17	16	18

续表 19-4

公猪	母猪	全同胞子女背膘厚							
S_2	D_{21}	12	11	18	13	19	12	16	12
	D_{22}	13	12	13	15	16	14	13	
	D_{23}	11	12	10	14	10	13	11	
	D_{24}	13	10	12	12	13	14	11	10
	D_{25}	14	13	12	18	12	13	12	
S_3	D_{31}	17	16	13	18	11	12	15	
	D_{32}	18	17	14	10	11	18	12	11
	D_{33}	16	18	18	16	17	15		
	D_{34}	18	17	12	11	11	13		
	D_{35}	17	19	15	17	12	16	15	
S_4	D_{41}	16	14	17	13	15	11	16	
	D_{42}	17	16	18	13	16	11	17	
	D_{43}	18	17	18	11	16	17	12	10

实验二十　遗传相关的估算

一、实验目的

掌握与数量性状遗传相关有关的基本概念和基本计算方法。

数量性状间的相关区分为表型相关和遗传相关。表型相关(phenotypic correlation)是同一个体的两个数量性状度量值间的相关。造成这一相关的原因主要分为两类:遗传相关(genetic correlation)是指基因的一因多效和基因间的连锁不平衡造成的性状间遗传上的相关;环境相关(environmental correlation)是指两个性状因受个体所处相同环境造成的相关。

二、实验原理

在遗传和环境相关原因的共同作用下,两个性状之间就呈现出一定的表型相关,如图 20-1 所示:

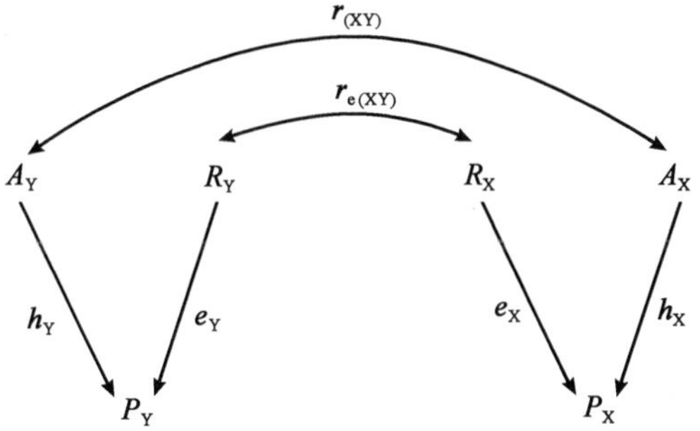

图 20-1　遗传和环境互相相关图

图中 P_X、P_Y、A_X、A_Y 和 R_X、R_Y 分别表示 X 性状和 Y 性状的表型值、育种值和剩余值,h_X、h_Y 和 e_X、e_Y 分别表示两性状育种值到表型值的通径系数和剩余值到表型值的通径系数,$r_{e(XY)}$ 和 $r_{(XY)}$ 分别表示两性状的环境相关和遗传相关。假定各种育种值与剩余值间均不相关,那么根据通径分析原理可以将表型相关 r_{XY} 剖分为两部分,得到:

$$r_{XY}=r_{(XY)}h_Xh_Y+r_{e(XY)}\sqrt{1-h_X^2}\sqrt{1-h_Y^2}$$

遗传相关估计方法与遗传力估计方法类似，需要通过两类亲缘关系明确的个体的两个性状表型值间的关系来估计。本实验用同胞资料演示遗传相关的估计，利用同胞资料估计遗传相关也有半同胞和全同胞两种，传统方法是采用与上述遗传力估计类似的单因素和二因素系统分组资料的方差、协方差分析方法，半同胞资料估计遗传相关的计算公式如下：

$$r_{(XY)}=\frac{\mathrm{Cov}_{S_{(X,Y)}}}{\sigma_{S_X}\sigma_{S_Y}}=\frac{MP_{S_{XY}}-MP_{W_{XY}}}{\sqrt{(MS_{S_X}-MS_{W_X})(MS_{S_Y}-MS_{W_Y})}}$$

三、实验方法及设备

本实验将以 SPSS 统计软件为平台，以半同胞资料演示各方差分析和遗传相关估算的计算过程。

四、实验步骤

利用某奶牛群的部分产奶和体重资料（表 20-1），计算奶牛的头胎产奶量（X）和 12 月龄体重（Y）的遗传相关。

表 20-1　某奶牛群的部分奶牛产奶和体重资料

女儿数	公牛号						总和
	A		B		C		
	X	Y	X	Y	X	Y	
1	4.4	3.6	3.0	3.4	4.7	3.8	
2	4.7	3.7	3.8	3.3	5.0	3.3	
3	5.3	4.0	4.2	3.4	4.2	3.2	
4	3.3	3.2	4.5	3.5	3.9	3.5	
5	4.4	3.5	3.7	2.7	5.5	3.2	
6	5.6	4.1	3.9	3.2			
7	3.4	3.2					

SPSS 计算方差、协方差的步骤：

(1)如图 20-2 把数据全部输入二维数据表中。

(2)Analyze→Correlate→Bivariate→对话框。

(3)在对话框中把源变量组中的全部变量移入 Variables 区，其他选项默认。

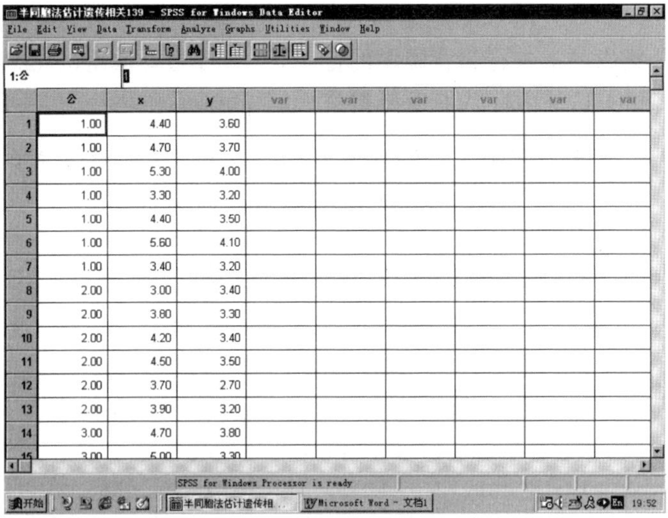

	公	x	y	var	var	var	var	var	var
1	1.00	4.40	3.60						
2	1.00	4.70	3.70						
3	1.00	5.30	4.00						
4	1.00	3.30	3.20						
5	1.00	4.40	3.50						
6	1.00	5.60	4.10						
7	1.00	3.40	3.20						
8	2.00	3.00	3.40						
9	2.00	3.60	3.30						
10	2.00	4.20	3.40						
11	2.00	4.50	3.50						
12	2.00	3.70	2.70						
13	2.00	3.90	3.20						
14	3.00	4.70	3.80						
15	3.00	5.00	3.30						

图 20-2　计算遗传相关数据输入格式(半同胞资料)

(4)按 OK 进入 output 窗口，经整理后，获得 X、Y 方差—协方差(表 20-2)。

表 20-2　X、Y 方差—协方差表

变异来源	df	X		Y		$X\times Y$	
		平方和	均方	平方和	均方	平方和	均方
公间(B)	2	2.005	1.003	0.436	0.218	0.616	0.308
公内(W)	15	7.444	0.496	1.424	0.095	1.821	0.121

由表 20-2 可知，

$$MP_{B(XY)}=\frac{0.616}{2}=0.308 \qquad MS_{B(X)}=1.003 \qquad MP_{B(Y)}=0.218$$

$$MP_{W(XY)}=0.121 \qquad MP_{W(X)}=0.496 \qquad MP_{W(Y)}=0.09\approx 0.10$$

$$r_{A(XY)}=\frac{MP_{B(XY)}-MP_{W(XY)}}{\sqrt{(MS_{B(X)}-MS_{W(X)})(MS_{B(Y)}-MS_{W(Y)})}}$$

$$r_{A(XY)}=\frac{0.308-0.121}{\sqrt{(1.003-0.496)(0.218-0.10)}}=0.77$$

五、作业

收集某种猪场纯种猪 3 头种公猪的半同胞后代达 100 kg 体重时的背膘厚

(X,单位:mm)和 30～100 kg 测定期日增重(Y,单位:g)资料,结果列入下表,表 20-3 中每一公猪内的上一行为背膘厚的记录,下一行为日增重的记录。采用公畜内半同胞遗传相关估计两性状的遗传相关。

表 20-3 某种猪场纯种猪 3 头种公猪的半同胞后代背膘厚和日增重记录表

公猪	半同胞个体背膘厚(上行)/mm 半同胞个体日增重(下行)/g								
1	13	15	19	13	12	15	14	16	18
	853	815	654	965	785	902	821	968	859
	13	14	13	18	10	15	14	17	14
	863	712	898	723	943	849	883	743	859
	17	13	16	14	15	14	11		
	812	721	851	878	846	815	909		
2	15	17	15	14	17	16	13	14	15
	879	886	985	925	907	828	702	953	879
	16	14	13	11	19	18	16	18	
	847	876	834	880	885	890	710	823	
3	17	15	11	14	16	17	16	15	18
	786	863	712	839	806	710	796	823	801
	14	15	14	16	17	19	15	17	16
	857	792	783	819	893	890	743	821	847
	13	15	17	16	18				
	736	810	703	803	846				

实验二十一　重复力的估算

一、实验目的

掌握与数量性状重复力有关的基本概念和基本的计算方法。

重复力(repeatability)是衡量一个数量性状在同一个体多次度量值之间的相关程度的指标。导致个体多次重复度量值相关的原因，除了个体基因效应外，个体所处的持久性环境效应也将对性状的终身表现产生相同的影响。此外，一些暂时的或局部的特殊环境因素只对个体性状的某次度量值产生影响，这种效应称之为暂时性环境效应。当个体性状多次度量时，这种暂时性环境效应对各次度量值的影响有大有小、有正有负，可以相互抵消一部分，从而可提高个体性状生产性能估计的准确性。

二、实验原理

从效应剖分来看，可以将环境效应(E)剖分为持久性环境效应(E_P)和暂时性环境效应(E_T)两个部分，即 $E=E_P+E_T$，因此 $P=G+E=G+E_P+E_T$。假定基因型效应、永久性环境效应和暂时性环境效应之间都不存在相关，可以将表型方差(V_P)剖分为 $V_P=V_G+V_{E_P}+V_{E_T}$，因此重复力(r_e)可定义为：

$$r_e=\frac{V_G+V_{E_P}}{V_P}=\frac{V_G+V_{E_P}}{V_G+V_{E_P}+V_{E_T}}$$

可见，重复力实际上就是以个体多次度量值为组的组内相关系数，因而其估计方法与组内相关系数的计算完全一致。组内相关系数描述了组内有某种特定联系的多组数据两两之间的平均相关系数，如果是按个体分组，那么每组数据就是一个个体的各次度量值，与两变量简单相关系数计算一样，组内相关系数也是通过计算变量方差和协方差得到的。通过推导，组内相关系数等于组间方差(σ_B^2)在总方差中占的比例，在方差分析中通常用组间方差和组内方差(σ_B^2)之和代替总方差。因此，重复力通常是在按个体分组后的单因素方差分析基础上计算的，计算公式如下：

$$r_e=\frac{\sigma_B^2}{\sigma_B^2+\sigma_E^2}=\frac{MS_B-MS_E}{MS_B+(k-1)MS_E}$$

式中，MS_B 为单因素方差分析中的组间均方；MS_E 为单因方差分析中的组内均方；k 为每个个体的度量次数。当个体度量次数不相等时，可按下式计算平均的有效度量次数(k_0)：

$$k_0=\frac{1}{n-1}\left(\sum k_i-\frac{\sum k_i^2}{\sum k_i}\right)$$

三、实验方法及设备

本实验将以 SPSS 统计软件为平台，演示各方差分析和重复力估算的计算过程。

四、实验步骤

资料：某猪场 5 头太湖猪母猪各胎产仔数记录如表 21-1 所示，计算仔数性状的重复力。

表 21-1　太湖猪产仔数记录　　头

胎次	母猪编号					$\sum$
	1	2	3	4	5	
1	9	11	10	11	9	
2	9	11	8	11	9	
3	14	10	8	9	8	
4	13	10	7	9	8	
5		12			10	

SPSS 操作步骤：

(1)先定义变量，按图 21-1 所示输入观察值。

(2)Analyze→General Linear Model→Variance components→对话框。

(3)在对话框中，把“产仔数”移入 Dependent 区，“母猪编号”移入 Random Factor(s)区。

(4)在 Model 对话框中选 custom，后把“母猪编号”移入，Build Term(s)选 main Effect，最后按 continue。

图 21-1　重复力计算数据输入格式(半同胞资料)

(5)在 Options 对话框中选择 ANOVA,Sums of square 和 Expected mean square,最后按 continue。

(6)按 OK,进入 output 窗口→结果输出。

由 SPSS 结果可知:

$$MS_B = 7.043 \qquad MS_W = 2.065 \qquad n_0 = 4.386$$

$$r_e = \frac{MS_B - MS_W}{MS_B + (n_0 - 1)MS_W} = \frac{7.043 - 2.065}{7.043 + (4.386 - 1) \times 2.065} = 0.355$$

五、作业

统计 10 只绵羊各年龄毛长(单位:cm)记录,列入表 21-2,估计绵羊毛长的重复力。

表 21-2　绵羊各年龄毛长

cm

羊号	2 周岁	3 周岁	4 周岁	5 周岁	羊号	2 周岁	3 周岁	4 周岁	5 周岁
1	9.0	8.0	8.5	9.5	11	8.0	7.5	7.5	
2	8.0	7.0	7.0		12	9.0	9.0	8.0	8.0
3	8.0	9.0	9.0	8.0	13	7.5	7.5	7.0	
4	8.0	8.0	8.5	8.5	14	8.0	7.0	7.0	
5	7.0	7.5	8.0	7.0	15	7.5	9.0	8.0	8.0
6	8.5	9.0	8.0		16	7.0	8.0	7.0	
7	8.5	8.0	8.0	8.0	17	7.0	7.0	8.0	
8	8.0	8.0	8.0	7.0	18	7.5	6.0	8.0	
9	8.5	7.5	7.5	8.0	19	8.0	8.0	7.5	
10	7.0	7.5	6.5	7.0	20	7.0	8.0	6.0	

实验二十二　基因频率和基因型频率的计算

一、实验目的

掌握基因频率和基因型频率的基本概念和基本计算方法。

二、实验原理

基因频率(gene frequency)是指在一个群体中某一种基因的数量与该基因座全部等位基因总数的比例,取值范围在0～1,通常写成小数的形式,它是群体遗传特性的基本标志。同一基因座的全部等位基因的频率总和为1,在只有一对等位基因(如A、a)时,一般用小写字母 p 和 q 表示,有 $p+q=1$。

基因型频率(genotype frequency)是指在二倍体的生物群体中,某一基因座的一个特定基因型在其全部基因型中所占的比例,取值范围在0～1,通常也写成小数的形式,同一基因座的所有基因型的频率总和为1,一般用大写字母表示。在只有一对等位基因(A和a)时,可形成3种基因型,即AA、Aa和aa,可用 D、H 和 R 分别表示各自的频率,这时 $D+H+R=1$。

显然,基因频率与基因型频率之间有着必然的联系。在一对等位基因时,AA基因型频率为 D,有比例的A基因;Aa基因型频率为 H,有 H 比例的A和a基因;aa基因型频率为 R,有 $2R$ 比例的a基因。因此,A和a基因频率分别为:

$$p=D+\frac{1}{2}H$$

$$q=\frac{1}{2}H+R$$

在平衡状态下,一对等位基因的基因频率与基因型频率的关系如下:

$$D=p^2$$
$$H=2pq$$
$$R=q^2$$

在实际估计群体基因频率时,可以利用 χ^2 检验判断基因频率与基因型频率是否符合这一关系来判断该群体是否处于平衡状态。

三、实验方法及设备

本实验的计算以 EXCEL 为平台演示各计算步骤，包括基因型频率和基因频率计算，以及有关的群体遗传平衡的 χ^2 检验。

四、实验步骤

在实际群体中，由于复等位基因的存在，以及等位基因间的显隐性关系，导致表现型与基因型可能不一致，在各种情况下，基因频率和基因型的频率计算会有所差别。通常情况下，都是首先统计群体中不同表现型的数量，在明确了群体中某一特定位点有多少个等位基因以及等位基因间关系的基础上，计算基因型频率和基因频率。本实验演示以下几种情况的计算过程。

1. 一对完全显性的等位基因

在一个杂种猪群中，有白毛猪 885 头，黑毛猪 98 头。遗传学研究表明白毛对黑毛为完全显性。假设 C 为白毛基因、c 为黑毛基因。假设猪群在该位点处于 Hardy—Weinberg 平衡，试计算基因频率和基因型频率。

本例中由于白毛基因是完全显性，因此白毛表现型有 CC 和 Cc 两种基因型，黑毛表现型只有 cc 一种基因型，因此在平衡状态下：

样本数：$n=885+98=983$

黑毛基因频率：$q=\sqrt{R}=\sqrt{\frac{98}{983}}=0.315\ 7$

白毛基因频率：$p=1-q=1-0.315\ 7=0.684\ 3$

在平衡状态下，3 种基因型的比例分别为：

CC 基因型：$D=p^2=0.684\ 3^2=0.468\ 2$

Cc 基因型：$H=2pq=2\times0.684\ 3\times0.315\ 7=0.432\ 1$

cc 基因型：$R=q^2=0.315\ 7^2=0.099\ 7$

2. 一对共显性和不完全显性的等位基因

统计某地方鸡种群，有 3 种羽色类型，其中白羽有 1 850 只，灰羽有 1 580 只，黑羽有 428 只。遗传学分析已证实，这 3 种羽色是一对等位基因作用的结果，假设 CC 为白羽、Cc 为灰羽、cc 为黑羽，等位基因间为不完全显性。计算基因频率和基因型频率。检验该鸡群在这一基因位点是否处于 Hardy-Weinberg 平衡。

(1)计算3种基因型频率。

本例中3种基因型与表现型一致,因此:

样本数:$n=1\ 850+1\ 560+428=3\ 838$

白羽基因型频率:$D=\frac{1\ 850}{3\ 838}=0.482\ 0$

灰羽基因型频率:$H=\frac{1\ 560}{3\ 838}=0.406\ 5$

黑羽基因型频率:$R=\frac{428}{3\ 838}=0.111\ 5$

(2)计算基因频率。

白羽基因频率:$p=D+\frac{1}{2}H=0.482\ 0+\frac{1}{2}\times 0.406\ 5=0.685\ 3$

黑羽基因频率:$q=R+\frac{1}{2}H=0.111\ 5+\frac{1}{2}\times 0.406\ 5=0.314\ 7$

(3)Hardy-Weinberg平衡检验。

在处于Hardy-Weinberg平衡时,3种表现型的理论个体数应该分别为:

白羽理论个体数$=p^2n=0.685\ 3^2\times 3\ 838=1\ 802$

灰羽理论个体数$=2pqn=2\times 0.685\ 3\times 0.314\ 7\times 3\ 838=1\ 656$

黑羽理论个体数$=q^2n=0.314\ 7^2\times 3\ 838=380$

因此:

$$\chi^2=\sum\frac{(Q_i-E_i)^2}{E_i}=\frac{(1\ 850-1\ 802)^2}{1\ 802}+\frac{(1\ 560-1\ 656)^2}{1\ 656}+\frac{(428-380)^2}{380}$$
$$=12.789\ 6$$

由于$\chi^2>\chi^2_{2,0.01}$,该群体显著偏离Hardy-Weinberg平衡。

3.一对伴性基因

在某个鸡群中,母鸡中芦花鸡有7 850只,非芦花鸡有738只。由于控制芦花的基因B是位于鸡的Z染色体上,是显性基因,母鸡的性染色体是ZW型,在处于平衡状态时,母鸡中芦花鸡的比例直接反映了群体中基因的频率。因此:

芦花基因频率:$p=\frac{7\ 850}{7\ 850+738}=0.914\ 1$

非芦花基因频率:$q=1-0.914\ 1=0.085\ 9$

可以推测,在平衡状态下,该鸡群中公鸡的两种类型的比例应该为:

芦花公鸡的频率:

$$D+H=p^2+2pq=0.914\,1^2+2\times0.914\,1\times0.085\,9=0.992\,6$$

非芦花公鸡的频率：

$$R=q^2=0.085\,9^2=0.007\,4$$

4.复等位基因

在家兔中，决定毛色的基因中有3个复等位基因：C为全身有色，c^h为喜马拉雅毛色，c为白化，表现型只有3种，即全身有色、喜马拉雅毛色和白化，其中CC、Cc^h和Cc为全身有色，c^hc^h和c^hc为喜马拉雅毛色，cc为白化。统计某兔群，全身有色、喜马拉雅毛色和白化的数量分别为685、159和48只。假设处于平衡状态，计算各种基因和基因型的频率。

样本数：$n=685+159+48=892$

白化基因型频率$=\frac{48}{892}=0.058\,3$

白化基因频率：$p_c=\sqrt{0.058\,3}=0.232\,0$

喜马拉雅表现型频率$=\frac{159}{892}=0.178\,3$

对于喜马拉雅毛色基因频率(p_{c^h})来说：$p_{c^h}^2+2p_{c^h}p_c=0.178\,3$，将$p_c$代入，可得到喜马拉雅毛色基因频率：

$$p_{c^h}=\frac{-2\times0.232\,0+\sqrt{0.232\,0^2-4\times(-0.178\,3)}}{2}=0.205\,9$$

对于有色基因频率(p_C)来说：$p_C+p_{c^h}+p_c=1$，将p_{c^h}和p_c代入，解方程可以得到：

有色基因频率：$p_C=1-0.232\,0-0.205\,9=0.562\,2$

五、作业

(1)研究表明猪应激综合征(PSS)个体是一个常染色体隐性基因Haln纯合导致的，表现为对氟烷刺激敏感。早期是利用氟烷测验仪检测，检测成本较高，而且不能检测出杂合子个体，现在可以利用PCR技术对个体的基因型直接检测。对某纯种猪群进行PCR检测，其中NN型400头、Nn型80头、nn型20头。计算基因频率和基因型频率？该猪群在这一基因位点是否处于Hardy-Weinberg平衡？处于平衡状态的基因型频率如何？

(2)检测178个样本，发现一个基因座上有3个等位基因，分别记为A、B和

C,各种基因型的个体数如下,试计算各种基因型频率及 3 个等位基因的频率。检验该样本是否处于平衡状态。

基因型	AA	AB	BB	AC	BC	CC
个体数	17	86	61	5	9	0

实验二十三　动物细胞 DNA 的提取与鉴定

一、实验目的

(1)了解并掌握动物细胞基因组 DNA 的提取原理和常用方法。

(2)了解并掌握琼脂糖凝胶电泳鉴定 DNA 的原理和方法。

二、实验原理

动物 DNA 的提取是分子遗传学的基本操作。DNA 提取的基本程序包括细胞破碎、蛋白质变性并去除蛋白质、沉淀 DNA 并去除其他杂质 3 步。

(1)细胞膜的破碎。加入 EDTA 和 SDS 等去污剂。SDS 可以使细胞裂解,使与 DNA 双链紧密结合的组蛋白分开和变性,同时还可以破坏蛋白质的二级、三级结构,使其易于被蛋白酶水解;EDTA 可以与 Mg^{2+} 螯合,有助于阻止核酸分子间的聚集及核酸与蛋白质分子间的聚集,此外,EDTA 与 SDS 还可以起到抑制核酸酶活性的作用。

(2)蛋白质变性并去除蛋白质。加入蛋白酶 K 水解蛋白质。该酶在 SDS 存在的条件下活性增强,而且不受 EDTA 的抑制,在较高温度下仍有活性。变性的蛋白质及其他杂质可以通过有机溶剂酚和氯仿抽提而除去。RNA 则可通过 RNaseA 除去。

(3)沉淀 DNA。加入无水乙醇使 DNA 分子间发生凝聚,得到 DNA 沉淀。

DNA 分子是两性解离分子,在琼脂糖凝胶中泳动时具有电荷效应和分子筛效应。在 pH 为 8.0～8.3 时,碱基几乎不解离,磷酸全部解离,核酸分子带负电荷,在电场中向正极移动。不同大小和构象的核酸分子电荷密度大致相等,在自由泳动时,各核酸分子的迁移率区别很小,难以分开。因此采用适当浓度的凝胶介质作为电泳支持物,发挥其分子筛的功能,使得分子大小和构象不同的核酸分子泳动率出现较大的差异,达到鉴定和分离的目的。

三、实验材料

哺乳动物全血或组织。

四、实验器具

电子天平、磁力搅拌器、pH 计、高压灭菌器 、冷冻离心机、电热恒温水浴锅、电子天平、琼脂糖凝胶电泳系统、紫外反射投射仪(或凝胶成像系统)、冰箱 、微波炉。

微量移液器、5 mL 离心管、1.5 mL 吸头、一次性手套。

五、实验药品和试剂

PBS 磷酸缓冲液(pH 7.4)，ACD，DNA 抽提液，STE，TE(pH 8.0)，5×TBE，6×电泳加样缓冲液，蛋白酶 K(20 mg/mL)，Tris 饱和酚，氯仿，异戊醇，乙酸钠，无水乙醇，溴化乙锭贮存液。

六、实验步骤

(一)动物细胞 DNA 的提取

1. 全血 DNA 的提取

(1)取 3 mL 新鲜血液与 0.4 mL ACD 抗凝剂混匀，如是冻血，将冻血置于室温溶化，取 3 mL 加入离心管中。加入等体积的 PBS 缓冲液，混匀，4℃，12 000 r/min 离心 10 min。

(2)弃去上层血浆，加入 2.4 mL DNA 抽提液，用枪头吹打至无沉淀，37℃水浴 1 h。

(3)加入蛋白酶 K 至终浓度为 100 μg/mL，混匀，使溶液至黏稠状，55℃水浴消化过夜。

(4)取出反应液，冷却至室温，加入等体积的 Tris 饱和酚，轻摇 10 min，使水相与酚相混匀呈乳状液(因酚腐蚀性很强，需戴手套)，4℃，12 000 r/min 离心 10 min。

(5)使用大口径(直径约 0.3 cm)吸头小心吸出上层黏稠水相，移至另一干净的离心管中，加入等体积的 Tris 饱和酚，轻摇 10 min，使两相混匀，4℃，12 000 r/min 离心 10 min。

(6)使用大口径吸头小心吸出上清液，移至另一离心管中，加入等体积的酚：氯仿：异戊醇(25：24：1)，轻摇 10 min，使两相混匀，4℃，12 000 r/min 离心 10 min。

(7)使用大口径吸头吸出上清液，移至另一离心管中，加入等体积的氯仿：异戊醇(24：1)，轻摇 10 min，使两相混匀，4℃，12 000 r/min 离心 10 min。

(8)使用大口径吸头吸出上清液，加入 0.1 体积 3 mol/L 的乙酸钠和 2 倍体积的无水冰乙醇，水平旋转，使 DNA 沉淀，这时可看到白色絮状物出现。－70℃或－20℃冷冻 1 h。

(9)取出离心管，液体融化后吸去乙醇，用 70%的乙醇漂洗 2～3 次，12 000 r/min 离心 2～3 min。室温干燥 DNA。

(10)加入适量的 TE 溶液溶解 DNA 沉淀，4℃保存。

2. 组织 DNA 的提取

(1)取约 10 mg 组织置于 1.5 mL 离心管中，用小剪刀将其剪碎。

(2)加入 600 μL 组织抽提液(STE)，再加入蛋白酶 K 至终浓度 100 μg/mL，15 μL SDS(20%)，充分混匀，55℃水浴消化过夜。

(3)以后各步同 1 中的(4)～(10)。

(二)DNA 的琼脂糖凝胶电泳

完全溶解的 DNA 可用琼脂糖凝胶电泳对其质量进行检测。

(1)称取适量的琼脂糖，加入到盛有 0.5×TBE 的 100 mL 的烧杯中，在微波炉上加热融化，加入 EB，至终浓度为 0.5 μg/mL，即制成一定浓度的琼脂糖凝胶(0.8%)。

(2)选择适当的梳子和电泳槽，按需要制成适当厚度的凝胶。

(3)待凝胶凝固后，拔出梳子，放入电泳槽，加入 0.5×TBE 电泳缓冲液，液面至少要高于胶面。

(4)将待测 DNA 样品和加样缓冲液以 6∶1 的比例混合均匀，加入点样孔，根据电泳槽的长度确定适当的电压(最高电压不超过 5 V/cm)。

(5)当溴酚蓝染料移动到距凝胶边缘 1～2 cm 处，停止电泳。在紫外灯或凝胶成像仪下检测结果。

图 23-1 为猪耳组织基因组 DNA 的电泳图谱。

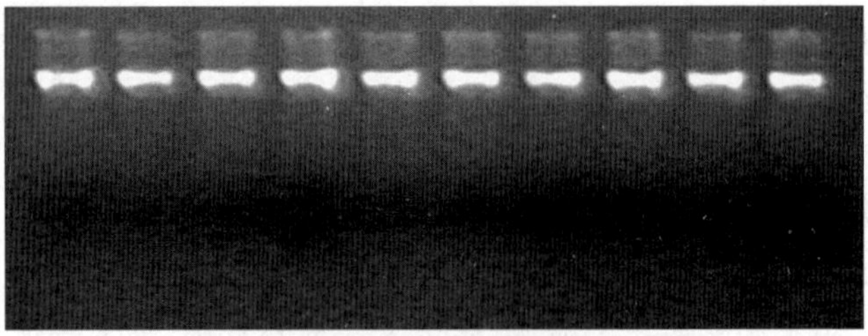

图 23-1　猪耳组织基因组的电泳图谱

(三)注意事项

(1)DNA提取过程中所用的工具必须灭菌,防止污染。

(2)抽提过程中用大口径(或剪口)吸头,减少对DNA的机械损伤。不同样品、不同操作步骤必须更换吸头,防止交叉污染。

(3)避免过酸、过碱对DNA结构的破坏,pH一般在中性附近。

(4)减少物理因素对DNA的损伤,如机械剪切力、剧烈搅拌、高温等。

(5)所获DNA沉淀不要完全干燥,否则极难溶解。

七、作业

(1)简述动物细胞DNA提取过程中各种试剂的作用。

(2)对所得实验结果进行分析。

实验二十四　聚合酶链式反应

一、实验目的

(1)了解并掌握聚合酶链式反应 PCR 的原理和具体操作步骤。

(2)了解影响 PCR 反应的因素和优化 PCR 反应条件的策略。

二、实验原理

聚合酶链式反应(polymerase chain reaction,PCR)是体外快速扩增特定基因或 DNA 序列的一种方法,是最常用的分子生物学技术之一。典型的 PCR 由变性、退火、延伸 3 步反应组成一个循环,通过多次循环反应,使目的 DNA 得以迅速扩增。其主要步骤是:将待扩增的模板 DNA 置高温下(通常为 93～94℃)使其变性分解成单链;人工合成的两个寡核苷酸引物在合适的退火温度下分别与目的基因两侧的两条单链互补配对,两个引物在模板上结合的位置决定了扩增片段的长短;耐热的 DNA 聚合酶(Taq 酶)在 72℃下将单核苷酸从引物的 3′端开始掺入,以目的基因为模板从 5′→ 3′方向延伸,合成 DNA 的新互补链。

本实验通过 PCR 法,从猪基因组 DNA 中扩增出的 PCR 产物大约 121 bp,位于雌激素受体基因(即 ESR 基因)的第 5 外显子。

三、实验材料

基因组 DNA 模板。

四、实验器具

PCR 仪、离心机、紫外凝胶成像分析系统、琼脂糖凝胶电泳系统、微量移液器、PCR 管、吸头、冰盒。

五、实验药品和试剂

dNTPs、Taq DNA 聚合酶、引物、10×buffer、$MgCl_2$、无菌双蒸水、琼脂糖、EB、0.5×TBE、电泳加样缓冲液。

六、实验步骤

1. 引物设计

引物序列：5′-CCTGTTTTTACAGTGACTTTTACAGAG-3′

5′-CACTTCGAGGGTCAGTCCAATTAG-3′

由上海生工生物工程公司合成。

2. PCR 反应体系

10×PCR buffer	2.5 μL		
dNTP mix(200 μmol/L)	2.5 μL		
Mg^{2+}(1.5 mmol/L)	1.5 μL	引物 1(10 pmol/L)	0.8 μL
引物 2(10 pmol/L)	0.8 μL	Taq 酶(1U/μL)	0.4 μL
DNA 模板(50～100 ng/μL)	2 μL		
加 ddH_2O 至	25 μL		

在冰浴中，按以上次序将各成分加入一无菌 0.2 mL PCR 管中。

3. 反应条件

调整好反应程序。将上述混合液稍加离心，立即置于 PCR 仪上，进行扩增。

反应条件：

95℃ 5 min；33 个循环(94℃ 1 min，57℃ 45 s，72℃ 45 s)；72℃ 8 min；最后 4℃保存。

4. PCR 的电泳检测

反应结束后，取 PCR 产物 8 μL 与 2 μL 加样缓冲液混合，进行琼脂糖凝胶电泳(浓度为 2%)。用已知的 DNA 标准分子质量作对照，估计 PCR 产物的大致长度。

图 24-1 为 ESR 基因 121 bp 的 PCR 扩增产物。

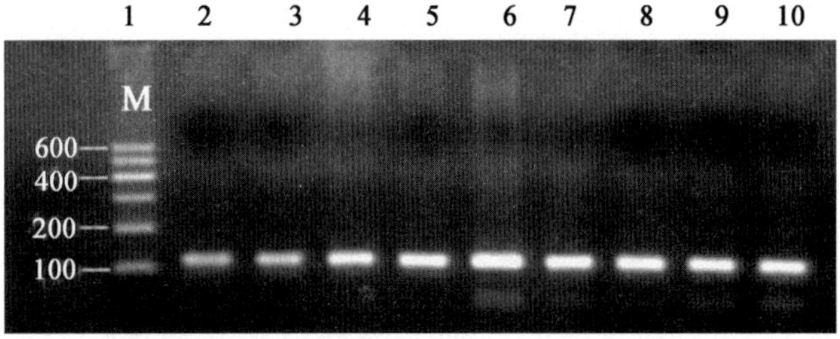

图 24-1　ESR 基因 121 bp 的 PCR 扩增产物

泳道 1：Marker(DNA 标准分子质量)；泳道 2～10：ESR 基因的第 5 外显子 PCR 产物

注意事项：

(1)PCR 反应应该在一个没有 DNA 污染的干净环境中进行。最好设立一个专用的 PCR 实验室。

(2)所有试剂都应该没有核酸和核酸酶的污染。操作过程中均应戴手套。

(3)PCR 试剂配制应使用高质量的灭菌双蒸水。

(4)试剂都应该以大体积配制，试验一下是否满意，然后分装成仅够一次使用的量，贮存，从而确保实验与实验之间的连续性。

(5)试剂或样品准备过程中都要使用一次性灭菌的塑料瓶和管子，玻璃器皿应洗涤干净并高压灭菌。

实验二十五　微卫星分子标记检测技术

一、实验目的

(1)掌握微卫星分型技术的基本原理和方法。

(2)了解微卫星分型技术在动物遗传资源多样性评价中的作用。

二、实验原理

微卫星 DNA,又称为简单重复序列(simple sequence repeat,SSR),其串联重复的核心序列为 1～6 bp,其中最常见是双核苷酸重复,即$(CA)_n$ 和$(TG)_n$ 每个微卫星 DNA 的核心序列结构相同,重复单位数目 10～60 个,其高度多态性主要来源于串联数目的不同。其产生突变的遗传机制尚不清楚,目前大多认为微卫星的不稳定性与 DNA 复制过程中"滑链错配"有关(图 25-1)。其基本原理:根据微卫星序列两端互补序列设计引物,通过 PCR 反应扩增微卫星片段,由于核心序列串联重复数目不同,因而能够用 PCR 的方法扩增出不同长度的 PCR 产物,将扩增产物进行凝胶电泳,根据分离片段的大小决定基因型并计算等位基因频率。

目前微卫星分析技术常用于遗传图谱构建、种质鉴定、遗传多样性分析、标记

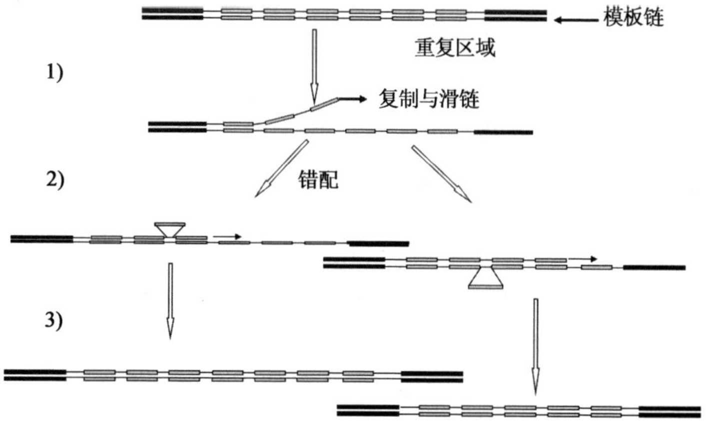

图 25-1　微卫星分子标记检测原理示意图

辅助选择(marker-assistant selection,MAS)、基因定位、数量性状基因座(quantitative trait loci, QTL)分析、系谱分析和亲源关系鉴定等。

本实验以家兔为实验对象,采用微卫星分型技术,分析评价家兔群体的遗传资源多样性。

三、实验材料

家兔基因组 DNA。

四、实验器具

PCR 仪、水平电泳仪、微量移液器、恒温水浴箱、封口膜、微波炉、凝胶成像系统等。

五、实验药品和试剂

10×Buffer、dNTPs、Mg^{2+}、r-aq 酶,DL2000 DNA Marker、琼脂糖、Goldview 核酸染色剂、内参分子量标准 GeneScanLIZ-500 Standard、丙烯酰胺、Tris 饱和酚、甲叉双丙烯酰胺、N, N, N, N′-四甲基乙二胺(TEMED)、过硫酸铵(Ap)、Na_2EDTA、尿素、无水乙醇、氢氧化钠、甲醛、硝酸银。

六、实验步骤

1. 引物查找与设计

根据已发表文献或者引物登录号查找相关或者与家兔亲缘关系较近的物种上的微卫星引物,并进行引物位置和核心序列的核对,进行引物订购。

2. PCR 反应体系及程序的优化

设计以 Mg^{2+} 浓度、DNA 模板浓度、Taq 酶用量、退火温度等为因素的梯度实验,优化 PCR 反应体系中各试剂的添加量及每个位点的最适退火温度。

PCR 反应体系:10×Buffer 2 μL,25 mmol/L $MgCl_2$ 1.0~2.5 μL,10 mmol/L dNTPs 1.0 μL,10 pmol/mL 上、下游引物各 1 μL,5 U/mL Taq DNA 聚合酶 0.2 μL,100 ng/mL DNA 模板 1.0 μL,用双蒸水补至 20 μL。

PCR 扩增程序:95℃预变性 5 min,94℃变性 30 s,53~64℃退火 30 s(因座位而异),72℃延伸 30 s,共 30~35 个循环,72℃延伸 10 min,4℃保存。

3. PCR 产物检测

(1)琼脂糖凝胶电泳检测。取 5~6 μL PCR 扩增产物,与 1 μL 上样缓冲液

(6×Loading Buffer)吹打混匀，在 1.0%琼脂糖凝胶上 120 V 电泳 20 min，检测有无目的条带，剩余 13 μL 左右的有效 PCR 产物用于聚丙烯酰胺凝胶电泳，并进行基因型判定。

(2)聚丙烯酰胺凝胶电泳及硝酸银染色。

①取两块晾干的玻璃板，3 根塑料边条，将塑料边条夹放于两块玻璃板两侧与底面，用夹子加紧使侧面与底面均不漏液。

②取丙烯酰胺溶液 20 mL，1×TBE 10 mL，混合后摇匀，然后加入 10% AP 100～500 μL(视室温而定)，TEMED 45 μL，摇匀后立即缓慢灌胶，插入 1.0 mm 梳子，排空梳齿下气泡，胶板与桌面呈 5°～10°斜放，室温聚合 10～20 min。

③丙烯酰胺聚合好后(梳齿下出现反光折线)，拔掉梳子，用夹子将胶板固定于电泳槽上，用 5 mL 注射器吸 1×TBE 电泳缓冲液反复冲洗点样孔，75V 预电泳。

④将 PCR 产物经 1%琼脂糖凝胶检测，确定其为有效的目的片段后，取 6～10 μL 产物与 3～5 μL 上样缓冲液(甲酰胺 9.8 mL，0.5 m，EDTA 0.2 mL，二甲苯氰 0.01 g，溴酚蓝 0.01 g)混合均匀，中断预电泳，点样 5～10 μL 至 10%非变性聚丙烯酰胺凝胶上。

⑤快速点样结束后，120～150 V 电泳 4～5 h，至第一条蓝色条带脱离玻璃板后拆胶染色。

⑥配制 10%无水乙醇溶液(含少量冰醋酸)200 mL(固定液，2 板凝胶的试剂用量)，称取 0.2 g 硝酸银溶解于 200 mL 蒸馏水中(染色液)，称取 3 g 氢氧化钠溶解于 200 mL 蒸馏水中(显色液)。

⑦将凝胶切角做好标记后放入盛有固定液的染色盒中，置于脱色摇床上轻摇(30 r/min)固定 10 min。

⑧用自来水洗净固定液，反复冲洗两遍，倒入染色液，密闭轻摇染色 12 min。

⑨用自来水洗净染色液，反复冲洗两遍(因硝酸银见光易分解，此步骤要求冲洗快速轻柔)，倒入显色液，5 min 后加入 2 mL 甲醛溶液，密闭轻摇显色 5～15 min。

⑩待凝胶上出现清晰的 DNA 条带时，倒掉显色液并用自来水冲洗干净，将凝胶平整地装入封口袋，长期保存。

4.基因型判定

利用 ImageQuant300 成像系统，在白光条件下拍照保存图片，利用 Onedscan 软件，以 Pbr322 DNA/Msp Ⅰ Marker 为参照，结合微卫星基因型的整体分布，分析判断目的基因片段大小。

5.遗传多样性参数的计算

(1)等位基因频率(allele frequency)。是指一个群体在某个基因座位上，某一个等位基因占全部等位基因数的比率，也称为基因频率（gene frequency）。微卫星等位基因间呈共显性遗传，其基因型直接反映表型。对某个或者优势等位基因型进行个数统计即为等位基因频率。

$$P_i = \frac{2n_{ii} + n_{ij_1} + n_{ij_2} + \cdots + n_{ij_n}}{2N}$$

式中，P_i 为第 i 个等位基因的频率；n_{ii} 为第 i 个等位基因纯合的个体数；j_n 为与 i 共显的第 n 个等位基因；n_{ij_n} 为含有 i 与 j_n 共显等位基因的个体数；N 为群体中的个体数。

（2）有效等位基因数（effective number of alleles，N_e）。该指标用来衡量群体遗传变异，某个座位的所有等位基因在群体中分布越均匀，有效等位基因数越接近检测到的等位基因的个数。

$$N_e = \sum_{i=1}^{n} N_{ei}/n = \sum_{i=1}^{n} \left(1/\sum_{j=1}^{m} P_{ij}^2\right)/n$$

式中，P_{ij} 为第 i 座位上第 j 个等位基因的频率；m 为第 j 个座位的等位基因数；N_{ei} 为第 i 个座位上的等位基因的有效数目；n 为所测定座位的总数。

（3）多态信息含量（polymorphism information content）。最初用于连锁分析时对标记基因多态性的估计，现在用来表示微卫星多态性的高低。

$$PIC = 1 - \sum_{i=1}^{k} P_i^2 - \sum_{i=1}^{k-1} \sum_{j=i+1}^{k} 2P_i^2 P_j^2 = 2\sum_{i=1}^{k-1} \sum_{j=i+1}^{k} P_i P_j (1 - P_i P_j)$$

式中，k 为等位基因数目；P_i 为第 i 个等位基因的频率；P_j 为第 j 个等位基因的频率。

（4）杂合度（H_e）。即基因多样性，是指在群体中，单一微卫星座位上杂合子所占的比例，可以用来衡量随机交配群体的基因变异。平均遗传杂合度则表示群体平均在所检测的全部微卫星座位上的杂合子的比例。

$$H_e = 1 - \sum_{i=1}^{k} P_i^2$$

式中，k 为等位基因数；P_i 为第 i 个等位基因的频率。

七、作业

完成 2 个品种 30 个个体的微卫星分型，计算其群体遗传学参数并进行 2 个群体的比对，以表格展示计算结果。

实验二十六　单链构象多态性检测技术

一、实验目的

(1)掌握单链构象多态性分析技术的基本原理和方法。

(2)掌握聚丙烯酰胺凝胶的原理和方法。

二、实验原理

单链构象多态性(single-strand conformation polymorphism，SSCP)是1989年日本Orita等创建的筛查突变的新技术。它是一种简单、快速、经济的点突变筛查手段。PCR-SSCP技术的基本原理是PCR扩增后的DNA片段经变性成单链DNA，单链DNA在中性聚丙烯酰胺凝胶中电泳时形成不同的立体构象，其构象直接影响泳动速率，相同长度的DNA单链其核苷酸顺序仅有单个碱基的差别，就可以产生立体构象的不同，造成泳动速率的不同，产生不同的泳动带。PCR扩增后的DNA片段经变性成单链后在不含有变性剂的中性胶中电泳，与正常比较出现泳动带的变位即可推测存在碱基置换。其碱基置换的性质必须经过DNA测序才能确定。因此PCR-SSCP检测是测序之前突变筛查的常用手段。

猪的应激综合征兰尼定受体基因(RYR_1，又称氟烷基因Hal)的基因中的C1843突变为T1843，使受体蛋白第615位精氨酸(Arg)变成了半胱氨酸(Cys)，从而引起其结构和功能的变化。当应激发生时，Ca^{2+}大量非正常释放，引起肌肉持续收缩，产生PSE肉。本实验采用PCR-SSCP检测猪群中RYR_1 C>T单碱基突变。

三、实验材料

不同猪种的基因组DNA。

四、实验器具

微量加样器(200 μL，20 μL)、Tip头(200 μL，20 μL)；Tip头盒(200 μL，20 μL)、Eppendorf管(0.5 mL，0.2 mL)、Eppendorf管架、PCR扩增仪；聚丙烯酰胺凝胶电泳装置；电泳仪；电泳槽；凝胶成像系统。

五、实验药品和试剂

10×Buffer、dNTPs、Mg^{2+}、r-aq 酶，DL2000 DNA Marker、琼脂糖、Goldview 核酸染色剂、30%聚丙烯酰胺、10%过硫酸铵、N，N，N，N′-四甲基乙二胺（TEMED）、加样缓冲液。

六、操作步骤

（1）引物设计与合成：引物：（F 5′-TAGGTGCTGGATGTCCTGTGTTC- 3′，R 5′-ACCGGAGTGGAGTCTCTGAGTCG- 3′），预计产物大小 214 bp。

（2）PCR 扩增（同实验二十四）。

（3）PCR 反应结束后，取 5 mL 扩增产物加 10 mL 甲酰胺上样缓冲液混匀，98℃ 变性 10 min，迅速冰浴。

（4）非变性聚丙烯酰胺凝胶电泳。

①制备 50 mL 6%非变性聚丙烯酰胺凝胶，加 TEMED 25 mL、10%过硫酸铵 250 mL，混匀后灌胶，插入加样梳子。待胶完全聚合后，拔出加样梳子，安装电泳装置，加入 1×TBE 电泳缓冲液，缓冲液应高于加样孔上缘，用注射器吸取缓冲液冲净加样孔。

②取已变性的 5 μL PCR 扩增产物加到点样孔中，以 200 V/cm 电泳 4～5 h。拆下电泳装置，小心取出聚丙烯酰胺凝胶，放到一个塑料盘内，用蒸馏水冲洗 1～2 遍。

③倒入固定液，固定 8～10 min。

④用蒸馏水冲洗 1～2 遍；倒入银染液，银染 10～12 min。

⑤用蒸馏水冲洗若干遍；倒入显色液，显色至出现清晰的银染带。

⑥用蒸馏水浸泡聚丙烯酰胺凝胶，观察 PCR-SSCP 结果。

⑦观察并记录聚丙烯酰胺凝胶上 DNA 单链带，根据异常泳动变位筛查突变样本。

七、注意事项

1. 核酸片段的大小

用于 SSCP 分析的核酸片段越小，检测的敏感性越高。对于<200 bp 的片段，SSCP 可发现其中 70%的变异；对于 300 bp 左右的片段则只能发现其中 50%的变异；而>400 bp 的片段，则仅能检出 10%～30%的变异，因此，<300 bp，尤其是

150 bp 左右的核酸片段更适于 SSCP 分析。对于大于 400 bp 的 PCR 产物就需要设法进一步处理，可以用限制性酶消化 PCR 产物，产生小于 400 bp 的 DNA 片段，再进行 SSCP 分析。

2. 低浓度变性剂

凝胶中加入低浓度的变性剂，如 5%～10%甘油、5%尿素或甲酸胺、10%二甲亚砜(DMSO)或蔗糖等有助于提高敏感性，可能是因为轻微改变单链 DNA 的构象，增加分子的表面积，降低单链 DNA 的泳动率。但有些变异序列却只能在没有甘油的凝胶中被检出。因此，对同一序列使用 2～3 种条件做 SSCP，可能提高敏感性。

3. 电泳温度

一般认为保持凝胶内温度恒定是 SSCP 分析最关键的因素，温度有可能直接影响 DNA 分子内部稳定力的形成及其所决定的单链构象，从而影响突变的检出。室温下电泳适于大多数情况，但由于在电泳时温度会升高，为确保电泳温度相对恒定，应采取以下措施：减少凝胶厚度，降低电压，有效的空气冷却或循环水冷却等。

4. 凝胶的长度

可用测序板进行 SSCP 分析，凝胶板长度在 40 cm 以上。

5. 凝胶浓度及厚度

凝胶浓度很重要，一般使用 5%～8%的凝胶，凝胶浓度不同，突变带的相对位置也不相同，如果在进行未知突变种类的 SSCP 分析时，最好采用两种以上凝胶浓度，这样可以提高突变种类的检出率。凝胶的厚度对 SSCP 分析也很重要，凝胶越厚，背景越深，在上样量较多的前提下，尽量使凝胶越薄越好。

6. 假阴性

一般认为，如没有污染，PCR-SSCP 分析不存在假阳性结果，但可能出现假阴性结果，后者是由于点突变引起的空间构象变化甚微，迁移率相差无几所致，尤其是点突变发生在扩增片段的两端时。如果有阳性和阴性对照，结果可以重复确定的突变带是可信的，如果没有阳性对照，应经测序来确定其是否为突变带。由于 PCR-SSCP 的不足之处主要是可能检出假阴性结果。应通过设置阳性对照，摸索电泳条件，假阴性结果在很大程度上是可以避免的。但对未知基因变异的检测，假阴性结果就难以百分之百地消除。

7. 结果分析

单链凝胶电泳时，互补单链迁移率不同，一般形成两条单链带。PCR 产物进行单链凝胶电泳之前，通过加热变性产生单链。如变性不彻底，残留双链亦可形成一条带。因此，PCR-SSCP 分析结果至少显示 3 条带。但是，由于一种 DNA 单链有时可形成两种或多种构象，检出 3 条或 4 条单链带就不足为奇。

八、作业

完成猪 RYR1 基因 PCR-SSCP 检测，并观察结果记录于表 26-1。

表 26-1　猪氟烷基因型记录

样本	基因型		
	TT	TC	CC
1			
2			
3			

实验二十七　限制性片段酶切多态性检测技术

一、实验目的

(1)掌握限制性片段酶切多态性分析技术的基本原理和方法;

(2)了解 PCR-RFLP 在动物分子诊断中的作用。

二、实验原理

限制性酶切多态性(restriction fragment length polymorphism,RFLP)分析技术是在 PCR 技术基础上发展起来的。DNA 碱基置换正好发生在某种限制性内切酶识别位点上,使酶切位点增加或者消失,利用这一酶切性质的改变,PCR 特异扩增包含碱基置换的这段 DNA,经某一限制酶切割,再利用琼脂糖凝胶电泳分离酶切产物,与正常比较来确定是否变异(图 27-1)。应用 PCR-RFLP,可检测某一致病基因已知的点突变,进行直接基因诊断,也可以此为遗传标记进行连锁分析进行间接基因诊断。

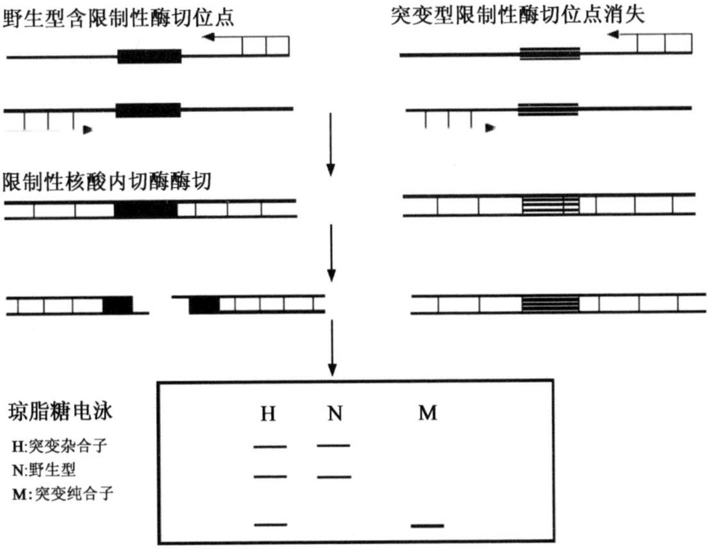

图 27-1　PCR-RFLP 分析原理

实验二十六中已经述及猪的RYR1存在1843位点C>T突变，形成限制性内切酶HhaI酶切位点(图27-2)，经HhaI酶切后，琼脂糖凝胶电泳检测等位片段的长度(214 bp或52 bp+162 bp)。

识别位点

5′... GCG▼C ...3′

3′... C▲GCG ...5′

图27-2 限制性内切酶HhaI识别位点

三、实验材料

猪RYR1基因PCR扩增产物(来自于实验二十六)。

四、实验器具

水平电泳仪、微量移液器、恒温水浴箱、封口膜、浮漂、微波炉、凝胶成像系统等。

五、实验药品和试剂

限制性内切酶HhaI(20 U/μL)、10×酶切缓冲液、琼脂糖、5×TAE、6×loading buffer、DNA Marker、GoldView核酸染色剂。

六、操作步骤

1. PCR产物的酶切

向无菌的200 μL指形管中依次加入以下溶液。

反应物	体积/μL
无菌水	9
10×Buffer	2
BSA	2
HhaI	1
PCR产物	6

置37℃水浴消化1 h，4℃保存。

2. 琼脂糖凝胶电泳检测

具体方法见实验二十四。

七、作业

完成猪 RYR1 基因 PCR-RFLP 检测，检测结果记录于表 27-1，并实验十二结果相比较，分析 PCR-RFLP 与 PCR-SSCP 技术的优缺点。

表 27-1　猪氟烷基因型记录

样本	基因型		
	Hal^{NN}	Hal^{Nn}	Hal^{nn}
1			
2			
3			

实验二十八　显微摄影技术

一、实验目的

通过实验了解显微摄影原理，掌握显微摄影装置的安装，并能正确使用显微摄影系统，并进行独立操作。

二、实验原理

1. 显微摄影装置

具有专用显微摄影装置的显微镜，或具摄影镜筒的显微镜及摄影装置（图 28-1）。

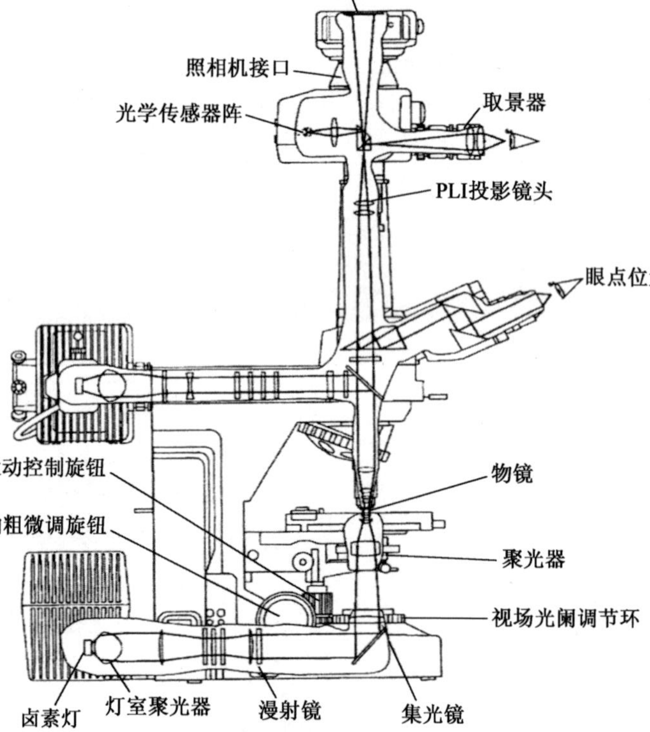

图 28-1　显微摄影装置示意图

2.滤光片的选择

为了使标本与拍摄背景之间有较好的反差,一般选用某种滤光片。如果要使被摄物中的某种颜色显得特别明亮就选择与此颜色相同的滤光片;若使被摄物中某种颜色显得特别浓黑,就选择与此颜色相反的滤光片。拍摄黑白片时，通常使用绿色滤光片。拍摄时可参考表28-1选择滤光片。

表28-1　滤光片的选择

标本颜色	获得最大反差的滤光片	标本颜色	获得最大反差的滤光片
蓝	红	蓝紫	黄
绿	红	橘红	蓝
棕	蓝	黄绿	紫
红	绿	青	黄
黄	蓝		

3.曝光时间的确定

(1)影响曝光时间的因素。决定曝光时间长短的因素最终是到达胶片上光的强度和胶片的感光性。影响此二者的因素包括:光源强弱与性质、强度、色光比例、胶片的感光速度与感色性、滤色镜的影响、放大倍数、物镜数值孔径、标本差异等。

(2)决定曝光时间的方法。

①自动曝光系统。当采用光学相机胶片拍摄时,将胶片速度选择盘上的数字调整到与所选用的胶片一致,打开总开关后,按下曝光按钮,摄影系统将根据视野中的亮度自动选择时间进行曝光。

②基础曝光实验。按一定的时间间隔摸索合适的曝光时间。曝光时可参考表28-2确定曝光时间。

表28-2　不同情况的曝光时间

物镜倍数	目镜倍数	视场光圈	曝光时间		
			薄	中	厚
10×	6.3×	1/2～1	1/4～1/2	1/2～1	1～2
10×	16×	1/2～1	1/2～1	1～2	2～3
40×	6.3×	1/2～1	1/2～1	1～2	2～3
40×	16×	1/2～1	1～2	2～4	3～6

③表面平均测光与点测光。正确的曝光量通常可以通过带有自动曝光功能的显微照相装置自动测得。考虑到标本的实际情况与显微照相装置自动测光所得的曝光结果之间可能存在一定的误差,为保险起见,一般建议先进行试拍。

三、实验设备及材料

Olympus 系统显微镜及其自动曝光系统、染色体玻片标本、香柏油、擦镜纸、擦镜液等。

四、实验方法及步骤

1.显微摄影装置的安装

(1)显微镜安装的房间应灰尘较少,干燥,避开高温及阳光的直射,工作台平整而稳固,以防摄影时由于台面振动而影响成像效果。

(2)按照需要,将摄影目镜(4×,6.3×,16×)安装在连接筒内。

(3)连接照相机和显微镜。如使用光学相机,则在相机中内装好底片后,把照相机安装在摄影显微镜的镜筒接口上,连接好快门线。如使用数码相机,则直接安装在显微镜的镜筒接口上即可。

(4)将所有镜头用擦镜纸擦拭干净。

2.显微摄影装置的调试

(1)聚光器调中。

①将标本放到载物台上,并以 10×物镜对焦。

②调节视场光阑,使它的像进入视场。然后上下移动聚光器,使视场光阑清晰地成像在焦面上。

③对视场光阑进行调中,使它的像与视场边缘内切。

④开大视场光阑,使之与视场外切。

(2)聚光器孔径的调节。以物镜上的数值孔径乘以 0.7 求得孔径光圈的大小,将孔径光圈的数值调至所需位置。

(3)瞳距以及屈光度的调节。

①一边观察标本,一边调节瞳距,直到左右视场合二为一为止。

②屈光度调节。

a.使 40×物镜进入光路,用同轴粗微调旋钮对标本进行对焦。

b.使 4×物镜进入光路,使用右眼,通过右侧目镜边观察边旋转上面的屈光度调节环对标本进行对焦。

c.使用左眼通过左侧目镜边观察边旋转上面的屈光度调节环对标本进行对焦。

d.重复 a～c 步骤两遍。

(4)调整被摄物的位置。先用低倍镜找到清晰的细胞图像，转换高倍镜，将所摄目标调到双十字线覆盖的区域。如需要用油镜观察，在标本观察物位置滴加香柏油之后将油镜旋至贴近油滴再进行调整观察。

(5)摄影辅助装置的调焦。显微镜调焦完毕后，再通过摄影辅助装置的目镜进行调焦直至清楚。

3.选择合适滤光片

4.确定合理的曝光时间

5.拍摄

按照选定的曝光时间(或直接选取自动挡)，按下快门线。操作时一定要避免摄影装置及工作台的震动。

6.胶片的冲洗

胶卷从暗袋中取出，装入显影罐，然后加入自来水浸润 2～3 次，再加入 20℃ D-76 显影液，显影 10 min，然后倒出 D-76 显影液(可回收再利用)，加入清水冲洗 2～3 次，再加入 F-5 酸性坚膜定影液定影 10 min 后回收再利用，取出胶卷，用清水冲洗 10～15 min，晾干。

7.底片的放大

冲洗出来的胶卷，药膜面(光面)朝下，调好放大倍数，对焦，曝光恰当的时间后，投入 D-72 显影液(D-72 显影原液加水稀释 1 倍)，显影时间根据相片清晰程度而定，显影后，取出放入清水(加入少量的冰乙酸)中冲洗，再投入 F-5 酸性坚膜定影液中，定影 10～15 min，然后取出用清水冲洗，最后将相片上光烘干。

五、作业

请完成自己制作的染色体玻片标本的显微摄影。

附　　录

1. 擦镜液

在冬、春两季将乙醚和无水乙醇以85∶15混合；夏、秋两季将乙醚和无水乙醇以80∶20混合。

2. 清洁液

(1)清洁液(强液)。在塑料桶或陶瓷缸内倒入1 000 mL自来水，加入120 g的重铬酸钾，然后慢慢加入160 mL浓硫酸(可用工业硫酸)，边加入边用玻璃棒搅拌，配制完毕，盖上盖子。

(2)清洁液(弱液)。在塑料桶或陶瓷缸内倒入1 000 mL自来水，加入50 g的重铬酸钾，然后慢慢加入90 mL浓硫酸(可用工业硫酸)，边加入边用玻璃棒搅拌，配制完毕，盖上盖子。

3. 果蝇的玉米粉培养基

配方A：

a：红糖6.2 g，琼脂0.62 g，加水38 mL，煮沸溶解。

b：玉米粉8.25 g，加水38 mL，加热搅拌均匀后，再加0.7 g酵母粉。

配制方法：a和b混合后加热成糊状之后，加0.5 mL丙酸，即可分装到培养瓶中。

配方B：

玉米粉15 g，红糖7.5 g，琼脂2.25 g，丙酸0.75 mL，酵母汁半勺，水150 mL。

配制方法：先用水将琼脂加热溶解，再溶入糖，然后慢慢加入玉米粉，边加边搅拌，以防结块，大约煮15 min，成为一种稀糊状。停火，加入丙酸，搅匀。趁热装瓶，冷却后加入酵母汁或少许医用酵母片粉，备用。

在分装培养基前，培养瓶应经过灭菌处理，一般可采用160℃干热灭菌1 h，这样既可以防止真菌污染，也可以杀灭以前瓶中可能残留的幼虫或蛹，防止混杂。分装好培养基(一般倒2 cm厚即可)待冷却，然后用棉球或吸水纸擦干瓶内壁，在培养基滴上数滴酵母菌液，稍干燥后即可接种。

4. 果蝇的玉米-琼脂饲料

配方：玉米粉100 g，琼脂10 g，红糖130 g，苯甲酸0.7 g(加5 mL左右95%的酒精溶解)，正丙酸 3 mL，干酵母粉 10～15 g。

此培养基适合于子二代及原种的饲养，营养成分全面，防腐性能良好。

5. RPMI“1640” 培养基

称取 1640 粉末 1.04 g，用 100 mL 去离子水溶解，如溶液出现混浊或难以溶解时，可用干冰或 CO_2 气体处理，如 pH 降至 6.0 时，则可溶解而透明，然后再加入 0.2 g $NaHCO_3$，调 pH 至 7.3，立即以 5 号或 6 号细菌漏斗过滤灭菌，备用。

6. 500 IU 肝素

称取肝素钠粉末 160 mg，溶解于 40 mL 的生理盐水，高压灭菌。

7. 秋水仙素溶液

称秋水仙素 1 mg 溶于 100 mL 灭菌双蒸水中(或灭菌生理盐水)制成 10 μg/mL 的工作液，分装灭菌小瓶 4℃冰箱保存。

8. Giemsa 原液

称取 0.5 g Giemsa 粉末，加 33 mL 甘油，在研钵中研细，放在 56℃恒温水浴锅中保温 90 min，亦可在恒温培养箱中，再加入 33 mL 甲醇，充分搅拌后，用滤纸过滤，收集在棕色细口瓶中保存。

9. 磷酸缓冲液 (PBS)

A 液∶B 液 =51∶49。

A 液：0.067 mol/L KH_2PO_4，称 9.078 g KH_2PO_4 溶于 1 000 mL 蒸馏水；

B 液：0.067 mol/L Na_2HPO_4，称 23.88 g Na_2HPO_4 溶于 1 000 mL 蒸馏水。

10. 2.5%胰酶原液

称取胰酶 0.125 g，溶解于 5 mL 生理盐水。

11. 50%硝酸银溶液

5 g 硝酸银溶解于 10 mL 蒸馏水(避光保存)。

12. 明胶显影液

称取 2 g 明胶粉末溶解在 99 mL 蒸馏水中，加入 1 mL 甲酸。

13. 2×SSC 溶液

称取 17.55 g NaCl，8.82 g 柠檬酸钠溶解于 1 000 mL 蒸馏水中。

14. 完全培养基(CB 培养基)

蛋白胨 10.0 g，牛肉膏 10.0 g，NaCl 5.0 g，蒸馏水 1 000 mL，pH 7.0～7.2 。

15. 基本培养基(MM 培养基)

K_2HPO_4 10.0 g,KH_2PO_4 4.5 g,$(NH_4)_2SO_4$ 1.0 g,柠檬酸钠·$2H_2O$ 0.5 g,pH 7.0,灭菌后加入糖(20%)10 mL,维生素 B_1(1%)0.5 mL,$MgSO_4 \cdot 2H_2O$(20%)1.0 mL,另补加生物素(10 mg/mL)0.5 mL。

16. LB 培养基

蛋白胨 10.0 g,酵母膏 5.0 g,NaCl 10.0 g,蒸馏水 1 000 mL,pH 7.0,0.105 MPa 灭菌 20 min。

17. 基本培养基

K_2HPO_4 10.0 g,KH_2PO_4 4.5 g,$(NH_4)_2SO_4$ 1.0 g,柠檬酸钠 $2H_2O$ 0.5 g,pH 7.0,0.105 MPa 灭菌 20 min。加入糖(20%)10 mL,维生素 B_1(1%)0.5 mL,$MgSO_4 \cdot 2H_2O$(20%)1.0 mL。另补加链霉素(50 mg/ mL)4 mL。

18. 乳糖色氨酸链霉素固体培养基

K_2HPO_4 10.0 g,KH_2PO_4 4.5 g,$(NH_4)_2SO_4$ 1.0 g,柠檬酸钠·$2H_2O$ 0.5 g,pH 7.0,0.105 MPa 灭菌 20 min。加入乳糖(20%)10 mL,维生素 B_1(1%)0.5 mL,$MgSO_4 \cdot 2H_2O$(20%)1.0 mL,另补加色氨酸(10 mg/mL)4 mL,链霉素(50 mg/mL)4 mL。

19. PBS 磷酸缓冲液(pH 7.4)

8 g NaCl,0.2 g KCl,1.44 g Na_2HPO_4,0.24 g KH_2PO_4,混合后加蒸馏水 800 mL,搅拌溶解,用浓 HCl 调 pH 至 7.4,加蒸馏水定容到 1 000 mL。高压蒸汽灭菌 20 min。室温保存。

20. ACD

柠檬酸 0.48 g,柠檬酸钠 1.32 g,右旋葡萄糖 1.47 g,加蒸馏水至 100 mL,高压蒸汽灭菌。

21. DNA 抽提液

10 mmol/L Tris-Cl(pH 8.0),0.1 mol/L EDTA(pH 8.0),20 μg/mL 胰 RNA 酶,0.5%SDS,室温保存。

22. STE

0.1 mol/L NaCl,10 mmol/L Tris-Cl (pH 8.0),1 mmol/L EDTA (pH 8.0),室温保存。

23. TE(pH 8.0)

100 mmol/L Tris-Cl(pH 8.0),1 mmol/L EDTA(pH 8.0),高压灭菌,室温保存。

24. 5×TBE

54 g Tris 碱,27.5 g 硼酸,20 mL 0.5 mol/L EDTA(pH 8.0),加水定容至 1 000 mL。

25. 6×电泳加样缓冲液

溴酚蓝 0.125 g,二甲苯青 FF 0.125 g,加入到 50 mL 30%甘油中,溶解,4℃保存。

26. 30%丙烯酰胺贮存液(49∶1)

丙烯酰胺 294 g,甲叉双丙烯酰胺 6 g,加入蒸馏水定容至 1 000 mL。

27. 50XTAE

Tris 242 g,$Na_2EDTA \cdot 2H_2O$ 37.2 g,加入 800 mL 的蒸馏水,充分搅拌溶解,加入 57.1 mL 的醋酸,充分混匀,加去蒸馏水定容至 1 L。

28. 10%过硫酸铵

1 g 过硫酸铵,溶于 10 mL ddH_2O 中,4℃保存(可用数周)。

29. D-76 显影液

依次加入 30～45℃温水 750 mL,米吐尔 3 g,无水亚硫酸钠 45 g,1,4 对苯二酚 12 g,无水碳酸钠 67.5 g,加水至 1 000 mL。

30. F-5 酸性坚膜定影液

依次加入 60～70℃热水 600 mL,结晶硫代硫酸钠 3 g,无水亚硫酸钠 240 g,无水碳酸钠 15 g,30%乙酸 45 mL,硼酸 7.5 g,硫酸铝钾 15 g,加水至 1 000 mL(加入硫酸铝钾时液温不可在 30℃以上)。

31. D-72 显影液

依次加入 52℃温水 750 mL,米吐尔 2 g,无水亚硫酸钠 100 g,1,4 对苯二酚 5 g,四硼酸钠 2 g,加水至 1 000 mL。

参考文献

[1] 蔡绍京.细胞生物学与医学遗传学实验指南.上海:第二军医大学出版社,2002.

[2] 郭善利,刘林德.遗传学实验教程.北京:科学出版社,2004.

[3] 李雅娟.水产动物遗传育种学实验指导.北京:中国农业科学技术出版社,2012.

[4] 李雅轩,赵昕.遗传学综合实验.2版.北京:科学出版社,2010.

[5] 刘桂丰.遗传学实验原理与技术.哈尔滨:东北林业大学出版社,2004.

[6] 刘权章.人类染色体方法学.北京:人民卫生出版社,1992.

[7] 萨姆布鲁克,拉塞尔.分子克隆实验指南.3版.黄培堂,译.北京:科学出版社,2002.

[8] 盛志廉,陈瑶生.数量遗传学.北京:科学出版社,1999.

[9] 王崇英,高清祥.细胞生物学实验.3版.北京:高等教育出版社,2012.

[10] 王建波,方呈祥,鄢慧民,等.遗传学实验教程.武汉:武汉大学出版社,2004.

[11] 王正询.简明人类遗传学.北京:高等教育出版社,2003.

[12] 熊远.猪生化及分子遗传实验导论.北京:中国农业出版社,1999.

[13] 杨大翔.遗传学实验.北京:科学出版社,2004.

[14] 张贵友.普通遗传学实验指导.北京:清华大学出版社,2003.

[15] 张维铭.现代分子生物学实验手册.2版.北京:科学出版社,2007.

[16] 周立波,张嘉保,任文陟.V_C-獭兔染色体核型的研究.中国比较医学杂志,2005,15(1):21-24.

[17] 班兆侯,陈付学,刘若余,等.中国白兔与日本大耳兔核型及C带多态性.中国养兔杂志,1996(3):14-17.

[18] 王生,蔡有余.兔染色体高分辨G带核型研究及模式图.解剖学报,1993,24(1):63-67.

[19] Hayes H, Rogel-Gaillard C, Zijlstra C, et al. Establishment of an R-banded rabbit karyotype nomenclature by FISH localization of 23 chromosome-specific genes on both G- and R-banded chromosomes. Cytogenet Genome Res. 2002,98(2-3):199-205.

[20] Parkányi V, Chrenck P, Rafay J, et al. Aneuploidy in the transgenic rabbit. Folia Biol (Praha), 2004, 50(6): 194-199.

[21] Monteagudoa L V, Arrugaa M V. NOR activity interaction among the chromosomes of common rabbit: a statistical analysis Caryologia: International Journal of Cytology, Cytosystematics and Cytogenetics, 1991, 44(1): 85-91.

[22] Yerle M, Echard G, Gillois M. The high resolution GTG-banding pattern of rabbit chromosomes. Cytogenet Cell Genet, 1987, 45: 5-9.